农作物单产遥感估算模型、方法与应用

◎ 任建强　陈仲新　刘杏认 著

中国农业科学技术出版社

图书在版编目（CIP）数据

农作物单产遥感估算模型、方法与应用 / 任建强，陈仲新，刘杏认著. —北京：中国农业科学技术出版社，2020. 11

ISBN 978-7-5116-5081-8

Ⅰ. ①农… Ⅱ. ①任… ②陈… ③刘… Ⅲ. ①遥感技术—应用—作物—单位面积产量—作物监测—估算方法 Ⅳ. ①S127

中国版本图书馆 CIP 数据核字（2020）第 218930 号

责任编辑 李 华 崔改泵
责任校对 贾海霞

出 版 者 中国农业科学技术出版社
北京市中关村南大街12号 邮编：100081
电 话 （010）82109708（编辑室） （010）82109702（发行部）
（010）82109709（读者服务部）
传 真 （010）82106650
网 址 http: // www.castp.cn
经 销 者 各地新华书店
印 刷 者 北京建宏印刷有限公司
开 本 710mm × 1 000mm 1/16
印 张 11.75
字 数 208千字
版 次 2020年11月第1版 2020年11月第1次印刷
定 价 88.00元

前　言

随着我国人口不断增加，耕地资源不断减少，以及经济全球化和区域经济一体化共同发展格局的逐步形成，粮食安全保障问题一直是中国乃至全球最重要的主题之一，这就使原本处于重要地位的大面积作物估产问题和农情监测就显得更加重要。因此，作物估产工作的有效开展不仅关系到我国农业生产的健康发展、农民收入的提高、农村的可持续发展，而且关系到我国的粮食安全及社会可持续发展等重大战略性关键问题。目前，我国的作物估产已进入业务化运行阶段，但在估产精度、估产方法和理论方面仍需进一步提高、改进和探索，特别是对小麦、玉米、水稻和大豆等主要作物进行长势监测和产量估计，对国家实现及时、准确地掌握粮食生产状况和在粮食宏观调控、国际农产品贸易中争取到主动权具有重要意义。随着“3S”（GIS，地理信息系统；RS，遥感；GPS，全球定位系统）技术的发展，特别是遥感信息技术将三者完美结合，遥感特有的覆盖面积大、探测周期短、资料丰富、现势性强、费用低等特点，为实现快速准确的农作物估产提供了新的技术手段。本研究在遥感技术支持下，针对冬小麦、玉米等作物估产模型、方法和区域应用等关键问题开展研究，并以我国重要粮食生产区黄淮海区和国外重点地区（如美国等）为研究实验区开展作物估产模型应用，以期为我国农业遥感监测和主要农作物估产业务提供一定技术参考。

本书共分为8章。第1章绪论，介绍作物遥感估产的背景、意义和农作物遥感估产国内外研究进展；第2章阐述了基于GIS的农作物气象估产模型的研究与应用；第3章阐述了农作物遥感估产统计模型的建立与应用，主要包括基于行政单元统计数据的作物单产估算技术、基于实测单产数据的区域作物单产估算技术、基于叶面积指数反演的区域作物单产估算；第4章阐述了基于光能利用率模型的半机理遥感估产方法；第5章阐述了基于遥感信息和作物生长模型的估产方法；第6章探讨了多种估产模型在农作物估产系统中的整合技术和方法；第7章以美国玉米为例，阐述了国外重点地区主要农作物单产估算技术方法；第8章展望，对本书整体研究内容进行总结，并对作物遥感估产技术发展进行展望。

本书是作者近些年来开展农作物单产遥感估算相关研究的总结，部分技术方法已经在农作物遥感估产实际业务中得到了一定应用。本书系列研究与应用工作主要依托中国农业科学院农业资源与农业区划研究所、农业部资源遥感与数字农业重点开放实验室、农业部农业信息技术重点实验室、农业农村部农业遥感重点实验室、国家遥感中心农业应用部、农业农村部遥感应用中心研究部、中国农业科学院农业环境与可持续发展研究所等平台进行。感谢农业遥感团队唐华俊院士/研究员、周清波研究员、杨鹏研究员、吴文斌研究员对本项研究工作给予的长期支持，感谢中国科学院地理科学与资源研究所石瑞香博士、中国科学院青藏高原研究所秦军研究员对本书相关研究给予的技术支持，感谢中国农业科学院农业资源与农业区划研究所遥感室刘佳研究员、王利民研究员、姚艳敏研究员、张莉博士、吴尚蓉博士、李丹丹硕士、余福水硕士等对本书相关研究给予的大力支持，在此一并感谢。

本书系列研究受到国家自然科学基金委员会、科技部、农业农村部等多个部门的科研项目资助。感谢国家自然科学基金面上项目“作物种植面积和产量统计数据降尺度空间表达及时空变化分析（41471364）”、国家自然科学基金面上项目“区域冬小麦收获指数遥感定量估算模型与方法及其时空特征”（41871353）、科技部国家高技术研究发展计划（863计划）项目“国家级农情遥感监测与信息服务系统”（2003AA131020）、科技部科技基础条件平台建设专项“MODIS数据产品开发与共享服务”（2004DKA10060）、科技部国际科技合作项目（2010DFB10030）、农业农村部农情遥感监测业务项目、中国农业科学院科技创新工程等共同资助。

农作物遥感估产是一项复杂的科学研究和技术应用工作，涉及遥感、空间信息、计算机、农学和地学等多种学科和技术的方方面面，本书主要从作者近些年个人积累角度对已开展的农作物单产遥感估算实际工作进行总结性叙述，因此，本书内的部分内容和技术细节还有待进一步提高和完善。由于著者水平和精力所限，书中内容和观点难免存在不足之处，诚恳希望同行和读者批评指正，敬请各位专家提出宝贵意见。

著 者

2020年10月

目　录

第1章　绪　论

1.1　研究背景及意义

随着我国改革开放的不断深入和经济的快速发展，人口不断增加，耕地资源不断减少，以及经济全球化和区域经济一体化共同发展格局的逐步形成，国内粮食安全和宏观调控政策的实施等问题再次摆在国人面前，这样使得原本处于重要地位的大面积作物估产问题和农情监测就显得更加重要。因此，作物估产工作开展的成败不仅关系到我国农业生产的健康发展、农民收入的提高、农村的可持续发展，而且关系到我国的粮食安全及社会可持续发展等重大战略性关键问题。目前，我国的作物估产已进入业务化运行阶段，但在估产精度、估产方法和理论方面仍需进一步提高、改进和探索。因此，对具有13亿人口的农业大国，针对农作物进行长势监测和产量早期预报和估算，特别是对小麦、玉米、水稻和大豆等主要作物进行长势监测和产量估计，对国家及时、准确掌握粮食生产状况和在粮食宏观调控、国际农产品贸易中争取到主动权具有重要意义。

随着“3S”技术的发展，特别是遥感信息技术将三者完美结合，遥感特有的覆盖面积大、探测周期短、资料丰富、现势性强、费用低等特点，为实现快速准确的农作物估产提供了新的技术手段（Narasimhan & Chandra，2000；Dadhwal & Ray，2000；Bastiaanssen & Ali，2003；Prasad et al.，2006；赵春江，2014；吴炳方等，2019）。本研究在遥感技术支持下，针对冬小麦、玉米等主要粮食作物估产模型、方法和区域应用等关键问题开展研究，并以我国重要粮食生产区黄淮海区和国外重点地区（如美国等）为实验区开展作物估产模型研究与应用，以期为我国农业遥感监测和主要农作物估产业务提供技术参考。

1.2 国内外研究进展

1.2.1 遥感在地表信息提取中的应用

1.2.1.1 植被遥感的理论基础

植被光谱特征是植被遥感的基础。健康绿色植物的光谱特征主要取决于它的叶子，在可见光波段内，植物光谱特征主要受叶子的各种色素支配，其中叶绿素起着最重要的作用。由于色素的强烈吸收，叶的反射和透射很低。在以0.45μm为中心的蓝波段以及以0.67μm为中心的红波段，叶绿素强烈吸收辐射能（>90%）而呈吸收谷。在两个吸收谷间（约0.54μm）吸收较少，形成绿色反射峰（10%～20%）而使植物呈现绿色。当叶绿素减少时，叶绿素在蓝、红波段的吸收减少，反射增强，特别是红反射率升高，以致使植物转为黄色（绿色+红色=黄色）。当植物衰老时，叶绿素逐渐消失，叶黄素和叶红素在叶子光谱响应中起主导作用，因而叶子变黄或变红。

在近红外波段，植物光谱特征取决于叶片内部细胞结构。叶的反射及透射能力相近（各占入射能45%～50%），而吸收能量低（<5%）。在0.74μm附近，反射率急剧增加。在0.74～1.3μm谱段内形成高反射。这是由于叶子细胞壁和细胞间隙折射率不同，导致多重反射。由于叶子内部结构变化大，故植物在近红外反射差异比可见光区域大，通过近红外谱段内反射率的测量可区分植物类别。红光波段和近红外波段的比值和归一组合与植被的叶绿素含量、叶面积和生物量密切相关，所反映绿色植物的这种光谱特征是植被生物量和净初级生产力（NPP）估算与监测研究的基础。

所有健康绿色植物均具有基本光谱特征，其光谱响应曲线虽有一定变化范围并呈一定宽度的光谱带，但总的“峰—谷”形态变化基本相似。不同植物类别，其叶子叶绿素含量、细胞结构、含水量均不同，因而光谱响应曲线总存在一定差异。即使同一植物，随着叶片的年龄、疏密、季节变化、土壤水分及组分含量差异，或大气污染、病虫害影响等，均导致整个谱段或个别谱段内反射率变化，而且近红外波段比可见光波段更清楚地观测这些变化。这些规律是人们鉴别植被、监测植被长势的依据。同时结合地面植被实地调查信息，便可以进行区域或全球生态学研究。

各种遥感传感器正是根据植物的反射光谱特性来设计的。如Landsat-TM的波段3（0.63～0.69μm）和波段4（0.76～0.90μm），NOAA-AVHRR的波段1（0.58～0.68μm）和波段2（0.725～1.1μm），MODIS传感器的波段1（0.62～0.67μm）和波段2（0.841～0.876μm），Landsat 8 OLI/TIRS的波段4（0.630～0.680μm）和波段5（0.845～0.885μm）等都分别位于红光和近红外波段。此外，RapidEye红光波段和近红外波段分别为0.630～0.685μm和0.760～0.850μm，哨兵-2A红光波段和近红外波段的中心波长分别为0.665μm和0.842μm，我国高分系列中的GF-1卫星多光谱相机红光波段和近红外波段分别为0.63～0.69μm和0.77～0.89μm，都被广泛用于植被研究。

农作物遥感估产和农作物长势监测是植被遥感宏观研究中一个突出的范例。由于植物季相节律的存在，而且从植物细胞的微观结构到植物群体的宏观结构上均有反映，致使植物单体或群体的物理光学特征也发生周期性变化，因此才可能通过多光谱遥感信息获得植物及其变化的信息，直接进行监测植被长势、生物量估计等。随着定量遥感的发展，植被遥感研究向更加实用化、定量化方向发展，科学家们提出了几十种植被指数模型，它们是由多光谱数据经线性或非线性组合构成的对植被有一定指示意义的各种数值，其中可见光波段和近红外波段的不同形式组合，构成了计算植被指数的核心。并且还研究了植被指数与生物物理参数（叶面积指数、叶绿素含量、植被覆盖度、生物量等）、植被指数与地表生态环境参数（气温、降水、蒸发量、土壤水分等）间的关系，从而提高了遥感的精度。

1.2.1.2 植被定量信息的提取

（1）植被指数。单一波段的植被光谱特性难以全面准确地反映其生长状况，因此，需要将植被反应敏感的多波段信息进行组合，植被指数即是由不同波段的反射信息组合而成的特征量，反映绿色植被的覆盖程度和作物的生长状况。植被指数一般由叶绿素反应敏感的红光波段（R_R）和近红外波段（R_{NIR}）信息组合而成，也称绿度。

目前植被遥感中采用的主要植被指数模式有：$G_1=R_{NIR}/R_R$；$G_2=(R_{NIR}/R_R)^{1/2}$；$G_3=(R_{NIR}-R_R)/(R_{NIR}+R_R)$；$G_4=(R_{NIR}-R_R)/(R_{NIR}+R_R)^{1/2}$；$G_5=[(R_{NIR}-R_R/R_{NIR}+R_R)+0.5]^{1/2}$；$G_6=(R_{NIR}/R_R)^2$；$G_7=\log(R_{NIR}/R_R)$；$G_8=R_{NIR}-R_R$，其中最为常用的是归一化植被指数NDVI（$G_3$）、比值植被指数RVI（$G_1$）和差值植被指数DVI（$G_8$）等。

然而在植被遥感中，NDVI应用最为广泛（赵英时，2003；Weiss et al.，2004）。一是由于NDVI是植被生长状态及植被覆盖度的最佳指示因子。许多研究表明，NDVI与叶面积指数（LAI）、绿色生物量、植被盖度、光合作用等植被参数有较好的关系，如NDVI与光合有效辐射分量（fPAR）间的近线性关系。因此，NDVI被认为是监测区域或全球植被和生态环境变化的有效指标。二是因为NDVI经比值处理，可以部分消除太阳高度角、卫星观测角、地形、云/阴影等影响，因此，NDVI增强了对植被的响应能力。三是对于陆地表面覆盖而言，云、水、雪在可见光波段比近红外波段有较高的反射作用，其NDVI为负值；岩石、裸土在两波段反射作用相似，NDVI接近0值；而有植被覆盖时，NDVI为正值，且随植被覆盖度增大而增大。因此，NDVI特别适合大尺度植被动态监测。但是NDVI观测植被时具有饱和性、非线性以及受植冠背景影响较大等局限性。

另外，还有新的改进型植被指数，如土壤调节植被指数（Soil-Adjusted Vegetation Index，SAVI）可以消除植被指数中部分土壤光谱信息；修正的土壤调节植被指数（MSAVI）进一步减少土壤背景的影响，使植被信息与土壤噪声比更大；垂直植被指数PVI（Perpendicular Vegetation Index）与其他植被指数相比，也具有较好地消除土壤背景干扰和对大气效应反应不灵敏等优点。增强型植被指数EVI（Enhanced Vegetation Index）综合处理了土壤、大气和饱和问题，是NDVI的继承和改进（Xiao et al.，2005）。

（2）植物生理参数LAI/fPAR。叶面积指数（LAI）和植物吸收性光合有效辐射分量（fPAR）是主要的植物生理参数，是生态系统功能模型、作物生长模型、净初级生产力模型中两个重要的陆地特征参量。

叶面积指数对植物光合作用和能量传输具有重要意义，它是指单位地表面积上叶面积所占比例。LAI不但可以直接反映出在多样化尺度的植物冠层中的能量及物质环境，还可以反映作物生长发育的特征动态和健康状况，而且与许多生态过程直接相关，如冠层光量截取、地上部净初级生产力、总净初级生产力等。目前，叶面积指数和植被指数、生物量、植被覆盖度等参数之间的关系已经做了大量研究（赵英时，2003）。

植被光合作用是植物叶片的叶绿素吸收光能和转换光能的过程，但所利用的仅是太阳可见光部分（0.4 ~ 0.76μm），这部分能量即为光合有效辐射（PAR）。被植物冠层吸收且参与光合生物量累积的光合有效辐射部分，即为吸收性光合有效辐射（APAR）。绿色植物冠层吸收的光合有效辐射直接与光合作用、净初级生产力和碳循环相连。光合有效辐射（PAR）、吸收性光合有效辐射（APAR）及吸收性光合有效辐射分量（fPAR）三者间的数学关系为：APAR=fPAR × PAR。野外直接测量APAR较难度的，但可通过测量fPAR和PAR间接测定。

国外从20世纪60年代就广泛地开展了对光合有效辐射的观测和理论研究（刘玉洁等，2001；吴炳方等，2004；Fensholt et al.，2004）。研究表明，植被对太阳光合有效辐射的吸收比例取决于植被类型和植被覆盖状况，在植被覆盖比较少的情况下，差值植被指数DVI与fPAR具有近线性相关关系；在全植被覆盖的情况下，背景的影响显著减小，利用归一化植被指数NDVI能够更好地估计fPAR。同时，当土壤、水和矿质营养不受限制时，吸收性光合有效辐射和冠层的增长速率成正比，且吸收性光合有效辐射分量（fPAR）与归一化植被指数（NDVI）存在近似线性关系。许多研究表明，利用遥感光谱可以提取LAI/fPAR，且在区域尺度是很有效的途径（Bastiaanssen & Ali，2003；吴炳方等，2004）。估算叶面积指数（LAI）的方法主要有光谱指数模型和辐射传输模型两类，而fPAR估算则主要用光谱植被指数模型（Myneni et al.，2002）。

1.2.2 “3S”技术在农业中的应用

遥感（Remote Sensing，RS）、地理信息系统（Geographical Information

System，GIS）和全球定位系统（Global Positioning System，GPS）三者合称为“3S”技术。三者都是在现代科学技术基础上发展的新技术手段和方法。GIS是管理和分析地理空间数据的有效手段；RS则是利用空间技术，广泛收集地球表面空间信息的重要手段；GPS则是保证任何地方、任何时刻都能观测地球表面或地球表面上空点位三维坐标的有利工具。一方面RS可以为GIS提供丰富、及时、准确、客观的信息并可更新其数据库；另一方面RS影像数据往往也需在GIS中进行空间数据分析；由于数据更新对GIS的成败是决定性的，因此，GIS的未来取决于遥感。由于GIS和RS结合后处理的是空间数据，具备空间位置信息是必需的，因此，GPS的成果运用到GIS和RS的综合系统中，必然会进一步改进RS对地观测的质量，扩大GIS数据分析和管理的能力。因此，RS、GIS和GPS三者的结合应用，取长补短，构成了整体上的实时和动态对地观测、分析和应用的运行系统，大大提高了RS和GIS的应用效率，也进一步提高了人类认识地球的能力。可见，遥感技术已经将GIS和GPS进行比较完美的结合，因此，本书中所说的遥感技术，其实是三者的结合体。

目前，“3S”技术在我国的农业领域得到了广泛应用。如GPS广泛应用于土地调查、农作物估产、田间取样定位、精细农业等诸多领域；GIS技术在国家和区域范围内，在农业资源利用决策、农业土地利用评价、农作物估产、灾害预警与损失评估、环境资源评估、规划与保护等方面得到广泛应用和实践；遥感技术在农业生产中应用更加广泛，主要体现在5个方面（邓良基，2002）。一是农业资源调查，主要包括土地利用现状、土壤类型、草场资源、土地资源和水资源等的调查，调查后进行综合评价，为农业资源的开发、持续利用与保护提供基础数据和科学依据。二是农业资源监测，包括农作物长势监测、土地沙化和盐渍化监测、鱼群监测、农业用地污染监测等。这种监测具有持续性和动态性，在监测过程中不断提供农业资源动态变化数据，提供采取的对策或措施，用于农业生产管理和决策。三是生物量或产量估测。主要是结合农学知识和环境因素预测小麦、水稻、玉米、大豆和棉花等大宗作物的产量，预测草场产草量等。四是农业灾害预报，主要包括农作物病虫害、雪灾、火灾的监测和预报，以及洪水预警、受灾面积和灾后评估。五是其他特殊应用，如水土流失监测。可见，“3S”技术在对地球资源、环境定量化研究中，展现了其特有的生命力和强大生产力。

1.2.3 农情遥感监测主要内容

我国农作物遥感监测已有30多年的研究历史，并开发了国家级的农情遥感监测系统。目前，国内开展的农情遥感监测主要内容包括农作物种植面积估算、农作物长势监测、土壤墒情监测、农作物单产及总产预测、农作物灾害监测及评估（包括旱情、水灾、冻害、病虫害）等。但我国国土辽阔、地形复杂、种植结构多样、农户规模小，作为国家级的农情遥感监测运行系统，在关键技术方面仍然需要进一步加强研究。这些关键技术包括数据自动处理、作物识别、面积量算、长势监测、灾害定量评估、产量估计与运行系统集成等（吴炳方，2000；杨邦杰等，2002；吴炳方，2004；吴炳方等，2019）。

农作物长势监测通常指对作物苗情、生长状况及其变化情况的宏观监测。目前，最常用的方法仍然是利用植被指数对比监测农作物长势；水灾、旱灾遥感监测研究较多，并发展了多种干旱监测参数，如叶面缺水指数、作物状态指数、温度状态指数等；在农作物低温冷害冻害和病虫害等监测方面的研究需要加强，农作物霜冻害遥感监测仅是在小范围内进行方法探索。农作物种植面积量算、单产及总产预测一直是我国农业遥感研究的重点。

1.2.4 农作物估产方法研究进展

目前，国内开展大面积作物估产主要集中在小麦、玉米、水稻、大豆和棉花等作物上，甘蔗、油菜和马铃薯等作物也已逐步纳入监测对象。人们不但关心农作物的种植面积及其变化、农作的长势，而且对作物的产量的关心也备至有加。但是，不同行业、不同部门（如农业部门、粮食部门、统计部门、气象部门等）为了及时获取粮食总量的数据，采用了各自不同测算方法。传统的农作物产量的测算主要依靠自下而上的统计报表，但是上报历时周期长，所需人力、物力和财力多，且所得到的产量数据利用时效性差，难以满足决策单位对产量信息的现势性要求。根据前人的研究成果（黄敬峰等，1996；王人潮等，1998；王人潮等，2002；黄敬峰等，1999；吕庆喆，2001；孟庆岩等，2004；徐新刚等，2008；黄敬峰等，2013；程志强等，2015），目前主要作物估产普遍采用的方法可以概况为以下几类：统计调查方法、统计预报方法、气象预测预报方法、农学预测预报方法、作物生长模拟预测方法、基于遥感和地理信息系统预测预报方法。前4种方法属于传统经典的方法，而作物生长模拟方法和遥感估产方法则是伴随计算机技术、信息技术和空间技术等高新技术发展起来的新方法。

1.2.4.1 农作物估产主要方法

（1）统计调查方法。统计调查方法是国内外农作物产量监测预报业务中普遍运用的传统方法，它也是一种对农作物长势和产量监测预报效果较好的业务运行方法。该方法通过对总体中部分或全部单位产量资料的调查，来计算或推算总体资料。在大区域统计调查中，经常采用统计抽样方法。抽样调查不仅可节省大量调查费用、提高效率，且其误差可以计算并可控制，这就保证了调查结果的准确性。

大区域的抽样统计调查经常采用多阶段抽样，首先编制抽样框，然后采用对称等距抽样、分层抽样等具体技术完成抽样，通过田间抽样调查获取样本数据，最终通过统计外推得到整个监测区农情数据。田间抽样调查具体来说有3步：样本点抽选、样本点实割实测、推算产量资料。第一步是抽样技术在产量调查中应用的具体体现，也是抽样调查应用的关键点。在实际操作中，调查部门根据抽样框在总体估产区中抽取一定数量的县，在抽中的县中抽取一定数量的乡，在抽中的乡中抽取一定数量的村，在抽中的村中抽取一定数量的地块，在抽中的地块中再抽取一定数量的实测样点，通过调查亩穗数、穗粒数、千粒重对样点进行产量预报，然后逐级统计或超级汇总获得总估产区的农作物产量。

从多年农产量抽样调查实践看，许多学者认为，以抽样调查结果作为粮食产量的法定数是可靠的（陈正，1997；刘广仁等，2001）。目前，田间抽样调查统计也在与其他技术手段相结合（于小克，2001；王宝海，2001），如用GPS精确定位、无人机等现代高新技术改造农作物产量田间抽样调查，以及针对农作物产量抽样调查方法的改进等（雷钦礼，1999；夏绘秦，2003）。但是，统计抽样方法由于其自身实施特点，也存在一些问题。如我国农产量抽样统计实施4阶段或5阶段抽样模式，使得抽样阶段太多，致使误差增大；同时实收实测工作量繁重，且所得产量与农户实际收割产量有一定误差，若不通过校正会影响最终精度；且我国实施的农产量抽样实际上是在全国总体范围内，以每个省（自治区、直辖市）为一层，在各省（区、市）内分别进行多阶段抽样调查，每省（区、市）大约抽1/3的县组成第一阶段样本。显然，在这种抽样组织方式之下所得到的样本资料只能推算出全国和各省（区、市）的农作物产量数值，因而只能满足国家和各省（区、市）两级政府管理的需要，使得县级政府无法得到本县有关作物产量数据。

（2）统计预报方法。统计预报法是根据作物生产系统的特性或行为，利用概率论、统计学和运筹学有关理论技术建立的作物产量预测方法。此类方法很少涉及作物的生长发育过程，通常是以环境条件、农业生产的投入以及其他因子为主建立预测预报模型。还可用灰色系统、模糊数学等方法建立数学统计模型来预测作物产量。

陈锡康等（1995，2001，2002）根据农业复杂巨系统的特点和系统科学方法，提出了系统综合因素预测法从事粮食产量预测研究，该方法属于统计预报方法（Chen，1990）。该方法认为粮食产量受社会经济因素、生产技术因素、自然因素和随机因素的影响，并提出预测方程：$y=f(X_1, X_2, X_3)$，其中X_1、X_2、X_3分别代表各种社会经济因素、生产技术因素和自然因素。为提高预测精度，还提出和采用了投入占用产出技术、考虑边际报酬递减的非线性预测方程和最小绝对和方法等关键技术。该统计预报方法具有预测提前期长（一般在半年以上）和预测误差小（平均误差1.6%）等特点。

其中，作物估产统计预报方法最大的缺点是没有考虑作物本身的特性，技术经济指标的准确统计难度很大，也无法得到作物产量的空间分布信息图。

（3）农学预测预报方法。农学预测预报是侧重于作物本身发育过程，重点考虑作物生物学特性的一种预报方法。目前，我国学者也对作物产量农学预报模型做了大量研究，主要是根据苗情、单位面积内的穗数、穗粒数和千粒重等农学指标来预测或计算单位面积产量。

黄敬峰等（1999）利用新疆26个冬小麦监测点1979年以来的观测资料，即冬小麦三叶期基本苗数、越冬开始期密度、返青期密度、起身期或拔节期密度，在全疆、北疆、南疆建立了预报有效穗数的线性模型（$Y=a+bX$）的参数。然后假定穗粒数与千粒重为常数，在三叶期、越冬开始期、返青期、起身期、拔节期通过预报冬小麦有效穗数而预报冬小麦产量，然后建立全疆、北疆、南疆各县冬小麦平均单产与监测点冬小麦单产的模型，该模型的精度也可以达到95%以上。但是，王人潮等（1998）在水稻估产研究中认为，农学回归模型预报农作物单产的共性是外推效果不好，影响其实用性，因此，很多学者主要通过作物生长模拟来建立估产模型，这是国内外农学界作物估产研究的热点和发展趋势。

农学预测预报方法具有良好的农学基础，用于小区域估产的效果比较好。但由于需要大量的实际观测数据，且农学参数与影响因子之间的关系很难标定，加之我国种植制度的复杂性，这样使得农学参数在区域间变化复杂，使农学预测方法很难应用于大范围作物估产。

（4）气象预测预报方法。农作物生长对于气候有明显依赖性，气候的变化对于当年或今后的作物产量都会产生影响。可以利用气象因素预报产量就是因为农业生产遵循着生物学规律和环境气候条件演变规律。建立气象模型时，通过对影响作物产量因子的分析，将作物产量Y_t分解为3个部分。

$$Y_t=Y_{it}+Y_{iw}+e_i$$

其中，一是由技术进步、农业政策、物质投入的增长而引起作物产量的增长，按时间序列表现为一种相对稳定的增长趋势，形成趋势产量Y_{it}，该产量反映一定历史时期的产量水平；二是由当年气象条件所确定的那一部分产量形成气象产量Y_{iw}，它反映气象波动对产量的影响；三是由随机因子影响的随机项产量e_i，e_i为随机误差项产量，为不可控制因素，一般可以忽略不计（汤志成等，1996；柏建，2000；Supit，2000；史永臣等，2001）。

气象模型建立的关键步骤是将农作物产量分解成趋势产量和气象产量，然后再分别模拟趋势产量和气象产量。应用气象因素信息和产量信息进行作物产量预报历史较悠久，其作物产量预报准确率可达到95%以上，欧盟和美国的遥感估产系统中也利用了农业气象模型进行作物单产估计。如史永臣等

（2001）选取玉米、大豆、小麦3种作物，利用作物历史产量和气象因子及其膨化因子建立了产量的定性和定量预报模型，表明所得到的预报模型具有一定的实用价值。此外，国内学者也开发了性能良好的农作物气象单产预测系统且系统模块间实现了无缝连接（范锦龙等，2003）。但是，在利用气象模型进行大范围作物估产时，应注意解决气象站点数据内插和由气象站点数据得到的单点作物产量的空间外推问题。同时，由于所采用的气象数据及其膨化因子具有一定适应范围，因此，所得到的气象估产模型也具有一定使用范围。

（5）作物生长模拟预测方法。作物生长模拟是一门新兴的边缘技术，它是以系统分析原理和计算机模拟的技术来定量地描述作物的生长、发育、产量形成的过程及其对环境的反应，是作物生理生态知识的高度综合与集成，且通过对作物生育和产量的试验数据加以理论概括和数学抽象，找出作物生育动态及其与环境因素间关系的动态模型，然后在计算机上模拟给定的环境下作物整个生育期的生长情况（Whisler et al.，1986；Hodges，1991）。成功的生长模拟在理解、预测和调控作物的生长与产量等方面应具有一定广泛性。此类方法多应用于单点或小尺度的作物估产研究，但可与作物估产区划、空间数据库及空间信息技术相结合，用于大范围作物估产。

作物生长模拟模型研究的思想源于积温学说与作物生长分析法。荷兰的De Wit等在20世纪60年代创立了作物生长动力学，开创了作物生长模拟科学新纪元。他主张从系统论的角度，以作物生理学和作物生态学为主要学科基础研究作物生长发育与产量形成的过程以及与生态环境因子的定量关系，把作物生长过程的各种生态与生理机制概括为简单的数学表达式。后来作物生长模拟研究逐渐发展为3种风格，分别以荷兰、苏联、美国为代表（张宇等，1989）。其中，荷兰侧重于生物学机制和作物共性，苏联注重于数学物理方面的处理，而美国更强调模型建立的实用性、方便性、简洁性和稳定性。目前，日本在作物生长模拟方面则综合了美国和荷兰的特点，以诊断、预测和指导生产相结合为特色。中国学派则以模拟技术与优化原理的完美结合而见长，其代表人物有高亮之、戚昌瀚等。

进入20世纪80年代后，作物生长模型向更加综合化和应用方向发展。在荷兰，以De Wit为代表，1969年建成ELCROS（Elementary Crop

Simulator）模型（De Wit，1970），该模型用于探讨不同条件下的作物潜在生产水平，后发展成为BACROS（Basic Crop Growth Simulator）模型（De Wit，1978），该模型增加了呼吸作用部分以及作物微气象的详尽描述，后又分别发展成为MACROS（Modules of an Annual Crop Simulator）（Penning de Vries et al.，1989）、WOFOST（World Food Studies）和SWACROP（Penning de Vries，1989）等适合一般作物的模拟模型，这些模型被称为Wagningen模型。美国较有影响力的模型是Ritchie研制的适用于玉米、高粱、水稻、谷子、小麦、大麦等的CERES（Crop-Environment Resource Synthesis System）模型（Ritchies，1991；曹永华，1991），Baker等建立的棉花模型GOSSYM和大豆生长模型GLYCIM。美国的农业技术推广决策支持系统模型DSSAT（Decision Support System for Agrotechnology Transfer）集成了多个作物模型（Hoogenboom et al.，1999），如CERES和CROPGRO系列模型、CROPSIM（木薯）、SUBSTOR（马铃薯）、CANEGRO（甘蔗）和OILCROP（向日葵）等，同时DSSAT还可与农业环境地理信息系统相结合，因此，相对于Wagningen模型，被称之为美国DSSAT系列模型。其他模型如Williams等（1989，1990）研制的土壤侵蚀—生产力模型EPIC（Erosion Productivity Impact Calculator）、大豆生长模型SOY-GRO（Soybean Growth Model）（高亮之等，1994）等。

我国作物模拟研究发展较晚，且基础薄弱，研究作物主要集中在水稻、小麦、棉花等，如高亮之等（1989）的水稻“钟模型”；戚昌瀚等（1994）的水稻生长日历模型（RICAM）的调控决策系统（RICOS）；冯利平等（1997）的小麦生育期模型；潘学标（2003）吸收国外经验组建的COTGROW棉花模型等。这些模型都具有一定的通用性、机制性、预测性和动态性。

总之，利用作物生长模型预报作物产量，不仅因为模型自身综合了多学科的知识，而且该方法还可成为农作物种植管理的有利工具，让作物生产管理更加科学。目前，此种方法对农作物收获前产量预报已经发挥了重要作用。其中，影响较大的如WOFOST模型用于世界粮食生产研究，欧盟联合研究中心在作物生长监测系统（CGMS）中也采用WOFOST模型进行欧洲地区的主要农作物产量预报。但是，作物生长模型预测预报法在应用运行中也存在一定障碍，如决定作物产量的主要因素仍然是天气数据，因此运行是否成功很大程度取决于对未来天气的预报能力；同时，作物生长模型所需的很多参数或信息在大范围内获取还存在一定难度，如作物参数、土壤参数、田间管理等；另外，由于作物生长模型运行多起源于单点试验，因此，只有在一定的假设条件下，作物生长模型才能在大范围尺度中进行应用。

（6）遥感和地理信息系统预报预测方法。农作物遥感估产是根据生物学原理和光学原理，在对农作物叶片和冠层光谱特征分析认识基础上，获得不同农作物不同波段间的关系数据，通过卫星传感器记录的地球表面信息辨别作物类型、监测作物长势、建立不同条件下的产量预报模型，从而在作物收获前就能预测作物产量的一系列技术方法。

当前，该种估产方法的常用模型包括以下模式：一是单纯采用遥感参数与作物产量之间建立模型，如植被指数估产模式，即利用某个生育期的植被指数或利用部分或全部生育期植被指数的累加值与作物产量之间的关系来估测产量；二是用遥感信息与气象、太阳辐射、土壤水分等非遥感信息结合组建混合估产模型；三是通过遥感参数（如LAI、NDVI等）和其他模型（如作物生长模型、作物气候模型等）的混合和链接来估测产量。近些年，利用同化技术作物生长模型已实现与遥感信息相结合，如常用的LAI和NDVI等数据。这为作物生长模型应用于大范围估产打下了基础（莫兴国等，2004；马玉平等，2005；姜志伟，2012）。遥感数据（如LAI）与生长模型的结合模式一般分为4种（赵艳霞等，2005）。一是驱动模式或强迫模式，即直接将遥感观测数据用到作物生长模型；二是用遥感观测数据更新模型中相关变量；三是重新初始化模式，即调整初始条件使得模拟值与遥感观测数据一致，进而确定模型的初始值；四是重新参数化模式，即调整模型参数使模拟值与遥感观测数据一致，进而确定模型的参数。后续诸多同化算法研究中，逐步将遥感信息与作物生长模型的结合模式简化为3种，即强迫法、参数优化法和更新法（姜志伟，2012；黄健熙等，2015；黄健熙等，2018）。

随着遥感技术的发展，特别在定量遥感反演地表参数方面的进步，基于遥感的作物估产模型具有很好的应用前景，一直是农业遥感领域的研究热点之一。遥感和地理信息系统预报预测方法与其他估产方法相比，特别是与统计数据相比，可在全国尺度更加客观、及时地对作物产量进行估测，而且克服了其他方法数据获取滞后的特点，并可在作物收获前一个月预报其产量，其间也可在作物进入生长关键期后每个月预报其产量，一般作物估测精度可达95%以上，美国和欧盟的遥感估产精度可达97%以上。同时，遥感监测数据和监测结果空间分布特征表现力强，并且可以分作物进行估产。因此，尽管遥感估产模型也面临在全国范围内标定困难的难题，但从大范围业务运行角度看，基于分区和多源信息的遥感和地理信息系统预报预测方法仍是估测作物产量中较为理想的方法，已经在国内外农作物遥感估产中得到了较为广泛的应用。

大面积作物遥感估产研究开展最早、效果最好的当属美国（刘海启，1997；赵庚星等，2001；赵英时，2003）。美国自20世纪70年代中期开始进行“大面积作物清查试验”即LACIE计划（Large Area Crop Inventory Experiment，1974—1978）和“利用空间遥感技术进行农业和资源调查”即AgRISTARS计划（Agriculture and Resources Inventory Surveys through Aerospace Remote Sensing，1980—1985），其主要目的是研究美国所需要的监测全球粮食生产的技术方法，从而满足美国进行资源管理和了解全球作物产量状况对有关信息的需要。欧盟从1987年开始了“农业遥感监测”即MARS计划（Monitoring Agriculture with Remote Sensing），通过抽样设置作物面积遥感监测样区，模型预测单产的方法，实现了欧盟17种作物的面积和产量遥感监测，而且还进行农作物种植面积变化的遥感监测以对农民申报补贴进行遥感核查。近些年来，法国、德国、苏联、加拿大、日本、印度、阿根廷、巴西、澳大利亚、泰国等也相继开展了对小麦、水稻、玉米、大豆、棉花、甜菜等的遥感估产研究（李树楷，1992；Navalgund et al.，2000）。进入21世纪，美国实施了一项新的农业遥感应用项目——Ag20/20。上述计划和项目成为农业遥感监测领域中具有里程碑意义的重要活动。目前，国内外估产系统除了国家估产系统、全球系统还有区域系统（European Commission-Joint Research Centre，2010）。其中，美国的GLAM系统、欧盟CGMS系统在全球农业遥感监测中处于世界领先水平。同时，联合国粮农组织（FAO）的“全球粮食和农业信息及早期预警系统”（GIEWS）在非洲、亚洲、南美洲等地区农作物长势遥感监测中占有重要地位（吴炳方等，2010）。

我国的冬小麦估产研究从20世纪80年代开始（张宏名等，1989；全国冬小麦遥感综合测产协作组，1993；陆登槐，1997；赵英时，2003）。1983—1984年国家经济贸易委员会组织北京、天津、河北等省（市）开展应用陆地卫星资料的冬小麦遥感综合估产研究，1985年扩大到山东、河南、山西、陕西、江苏、安徽等9个省（市），后又扩大到甘肃、新疆等11个省（市、区）。研究手段从常规方法与遥感技术结合，过渡到以资源卫星为主，进而由应用陆地卫星资料转为气象卫星NOAA-AVHRR资料，建立了"北方冬小麦气象卫星遥感动态监测及估产系统"。此外，北京大学、北京农业大学、浙江农业大学等高校和农业部、中国科学院等单位对应用陆地卫星资料的冬小麦、水稻遥感估产技术方法进行了研究探索。这些工作为我国今后遥感关键技术及实用系统的研究与发展奠定了基础，1998年至今我国的农作物估产工作已经进入业务化运行阶段，但与世界上发达国家的农作物遥感监测水平相比，还存在着一定的差距（周清波，2004；吴炳方，2004；吴炳方等，2010），如估产精度有待进一步提高，地面样方布设缺乏系统性，遥感观测的次数和量算的范围有待进一步提高和扩大，各项技术标准和规范有待进一步完善等。

总之，上述6种农作物产量估计和预测方法的应用是在一定估产区划基础上进行的，且已构成我国农作物单产数据和总量数据的主要来源，但各种方法的数据来源、信息内容、最终数据表现形式、精度等方面均存在不同（表1-1）。且由于不同行业、部门侧重点不同、专业不同、服务对象不同，加之集中利用本行业部门的优势，因此，该6种农作物估产方法分散在各个不同部门，如统计部门青睐统计方法，气象部门的专长是气象模型估产方法，遥感部门侧重遥感估产方法等。随着遥感科学技术的发展和社会的进步，有些部门采用其中的几种方法进行产量估计，形成带有自己行业部门特色的农作物估产综合系统。

表1-1　不同农作物估产方法数据和信息的比较

估产方法	源数据来源	信息内容	最终数据形式
抽样调查	抽样实测	产量、变化	数据表
统计预报	统计数据、抽样调查	产量、变化	数据表

（续表）

估产方法	源数据来源	信息内容	最终数据形式
农学模型预报	实测数据	产量	数据表
气象模型预报	统计数据、气象实测数据、气象派生数据	产量	数据表
作物模拟方法	气象实测数据及模拟数据、作物及田间管理调查数据	产量	数据表、空间信息图件
遥感模型方法	气象数据、遥感数据、实测数据、统计数据	产量、变化	数据表、空间信息图件

注：本表部分内容参考了黄进良、徐新刚、吴炳方发表于2004年《遥感学报》第6期“农情遥感信息与其他农情信息的对比分析”一文。

1.2.4.2 农作物估产方法发展趋势

我国的经济发展和世界经济关系日益密切，因此，农作物（特别是粮食作物）产量信息不仅需要具有预测性和时效性，还要求具有一定的准确性。因此，农作物产量估计和预报方法应向更加科学合理和更加快速的方向发展。

（1）估产方法进一步与新技术、新方法和新原理相结合。由于作物估产方法实施中需要开展大量信息的采集、处理和分析等过程和工作，因此，必须充分注意与“3S”技术相结合。其中一是地理信息系统（GIS）可以完成数据采集、编辑、存储、组织以及图形显示等功能。二是遥感技术（RS），该技术可以不通过接触目标物而获得其信息。它对于获取和处理地球表面信息起着极其重要的作用。对于估产而言，特别是遥感估产，可以快速、准确地获得有关作物长势数据及其生长环境数据（如太阳有效辐射、冠层温度、蒸散量等），对于大面积作物估产的实施，具有“天眼”之称的遥感有得天独厚的优势。三是与全球定位系统（GPS）的结合。通过全球定位系统可以将估产模型中所需地面数据的空间位置准确表达，对于模型地面数据的采集、处理、模型运行有着不可或缺的地位。

新方法主要指采用各种新的处理思想和处理方法。如在估产模型中模型的形式由简单线性向复杂非线性方向发展（如神经网络法、支撑向量回归、信息扩散方法等），同时一些估产模型也由静态向动态发展。此外，雷达技术、荧光遥感、人工智能和大数据等已逐步成为今后作物估产技术研究的重要方向。

（2）估产方法考虑的因子更加定量化、系统化、科学化。过去的估产研究大多建立在众多假设基础之上，而且做了大量的简化，这样在很大程度上成为限制其最终精度的一个因子。随着科技水平的提高，人们认识世界能力也发生了很大变化，越来越认识到农业生产系统是一个复杂的巨系统，只有研究作物估产时充分考虑作物生产系统的复杂性，利用系统论的观点将更多的影响农业生产的因子整合，才能提高估产方法运行精度。如考虑农业环境中的气候（光、温、水、气等），还考虑农业技术中的施肥（养分）、灌溉（水分）、水土流失、农药运移、微生物等因素。此外，地表作物参数信息的遥感精确提取（如LAI、fPAR、NPP、叶绿素、fCOVER、作物水分等）已经成为进一步提高作物估产精度的重要因素。另外，估产方法更加趋向于定量化也体现在今后机理模型或过程模型将被更加广泛地使用。

（3）农作物估产系统中多种估产方法的相互补充、相互完善及其综合。农作物估产方法虽然较多，但是单独依靠任何一种方法都没有取得令人完全满意的效果。因此，多种方法的相互补充、相互完善是完全必要的。如农作物遥感估产具有客观、定量、准确的优点，而且可以同时获取作物单产、种植面积和总产信息，但由于其受估产关键期的影响、云雨天气对数据获取等诸多影响，导致遥感估产在大面积估产中不能完全满足高精度和高保障率的业务化运行要求。农作物产量气象预报模型和农学预报模型预报精度较高，模拟模型机理明确，小区试验效果也很好，但在大范围估产中，该类模型受长期数据资料积累的限制。因此，在农作物估产业务化运行服务中，仍需要综合使用各种方法。如欧盟实施的农业遥感作物产量预报系统MCYFS（MARS Crop Yield Forecasting System）在农作物估产系统中多种估产方法相互补充、相互完善及集成，取得很好的效果（Boogaard et al.，2002；Piccard et al.，2002；Supit et al.，2002；Kowalik et al.，2014）。他们将统计调查、气象估产模型、作物模拟模型、遥感估产模型几种方法所得到的作物产量有机结合来估算最终产量，并形成通报或在网站公布，其估产精度最高可达97%以上。

（4）进一步加强农作物估产和预报有关基础理论和技术研究。农作物估产方法涉及的基础理论众多，因此，农作物估产需要在加强不同时空分辨率、光谱分辨率等多源遥感信息综合应用与信息融合（组网）基础上，进一步加强作物估产的基础研究工作。如进一步加强农作物估产抽样理论、农作物估产区划理论、农业定量遥感、作物机理模型、数据同化技术、农情信息自动提取处理技术、农情业务化监测体系、作物估产标准制定等研究。

1.2.5 遥感估产的方式及基本程序

遥感估产的方式主要有两种，一是利用遥感进行作物收获前产量预报。若实现作物收获前产量预报，必须利用遥感进行长势监测。通过遥感数据来获取作物生长状态参数和环境参数，如作物叶面积指数、作物生物量、作物覆盖度、植被指数、地表温度和土壤湿度等，通过这些信息来评价作物长势，完成作物产量早期预警。二是利用遥感进行作物收获后产量估计，主要是根据地面数据提前进行样点布设，划分小区，然后进行作物监测，待作物成熟后进行收割计产。样点布设时，应使样点内作物的长势体现出层次性。然后根据遥感数据和产量数据建立模型，从而估测大面积作物产量。农作物遥感估产的大体过程如下（吕庆喆，2001）。

一是进行遥感估产区划。利用遥感技术进行农作物长势监测和估产是在较大范围内进行的，但由于各地区自然条件和社会环境不一致，农作物的生长状况也不尽相同，因此需要将条件基本相同的地区归类，以便进行作物长势监测与估产模型的构建。

二是进行地面采样点布设。遥感估产中的信息主要是来自遥感信息，但为了得到高精度的作物种植面积和产量，仅依靠遥感信息是不够的，必须在地面布设足够多的样点，并在地面监测作物长势和产量，从而为遥感提供补充信息和地面验证数据。

三是背景数据库系统的建立。在遥感估产中，建立背景数据库是一项重要的基础性工作，主要包括遥感数据和产品、GIS空间专题数据、农业与农村经济统计数据、地面调查数据等多方面的信息。其中，GIS空间专题数据包括基础地理空间数据、自然资源数据、气候资源数据、农业资源数据、农业区划数据等；地面调查数据包括作物田间管理、作物长势、土壤水分、作物单产等。背景数据库在遥感估产中的作用主要是两方面，一方面为遥感图像信息分类提供背景，使作物分类精度提高；另一方面当遥感信息难以获取时，支持模型分析，即从历史资料和实际样点采集的数据中综合分析，从而取得当年的实际种植面积和产量。

四是进行农作物种植面积的提取。农作物种植面积的提取是农作物估产中的关键部分。大范围作物面积遥感监测一般采用抽样调查或全覆盖方式进行。在早期阶段，大范围作物面积量算一般利用抽样外推法得到面积数据（陈仲新等，2000；吴炳方等，2004）。随着中分辨率遥感数据的逐渐丰富，开始逐步向全覆盖监测方式转变。其中，中小尺度作物面积提取采用传统分类方法便可满足要求，但大范围作物面积提取时，需增加提取方法的自动化程度。常用的农作物识别遥感提取方法大体分为3类，第1类为基于地物空间光谱信息的差异进行农作物遥感识别的方法，第2类为基于时序遥感数据提取作物物候特征发展出的农作物遥感识别方法，第3类则是基于多源数据融合的农作物遥感识别方法（康晓风等，2002；杨小唤等，2004；许文波和田亦陈，2005）。

五是进行不同生长期作物长势动态监测。利用遥感数据监测作物在不同时期的长势，以便采取各种管理措施，保证农作物的正常生长和增产。其中，植被指数应用最为广泛（黄青等，2010；2012）。当然，国内学者也开展了常见作物长势指标（如LAI、NDVI、TCI、VCI、NPP等）适用性、有效性评价研究，为提高作物长势监测准确性发挥了重要作用（蒙继华，2006）。农作物长势遥感监测方法主要包括统计监测方法、年际比较法和长势过程监测法（杨邦杰等，1999；吴炳方等，2004；Chen et al.，2011；陈怀亮等，2015）。其中，统计监测类方法主要基于遥感技术和统计模型获取与作物长势密切相关农学指标，然后对区域作物参数进行分级，从而获得作物苗情、长势监测结果；年际比较方法主要是利用年际间遥感指标差值或比值进行作物长势分级和实时监测，为早期作物估产提供作物产量丰歉依据；作物长势过程监测主要采用当年、去年和多年平均植被指数—时间序列曲线高低和变化速率对作物长势好坏进行比较和判断。

六是建立遥感估产模型。建立遥感估产模型是农作物估产的核心问题。遥感估产是建立作物光谱与产量之间联系的一种技术，它是通过光谱来获取作物的生长信息，如利用植被指数建立的经验模型进行估产。

七是遥感估产精度的评价。无论使用何种估产方法，估产精度一直是人们最为关心的问题，它直接标志着整个估产结果的可信度。由于遥感估产方法牵涉到中间环节多，可能产生误差因素也很多，为了保证最终的精度要求，总是在每个环节上尽量减少误差的可能性。目前，区域作物遥感估产的精度一般可达到95%以上。

八是建立遥感估产运行系统。利用遥感技术进行作物种植面积提取、作物长势监测、土壤墒情监测、单产估测与总产测算等，都是在农作物遥感监测与估产集成系统下完成的。比较完善的估产系统，一般至少包括背景数据子系统、基础数据和信息处理子系统、作物面积提取子系统、作物长势监测子系统、土壤墒情监测子系统、作物产量估算子系统等部分。

1.2.6 农作物遥感估产模型研究进展

1.2.6.1 国外遥感估产模型研究发展历程

国外估产模型发展主要经历了定性阶段（20世纪40年代）、统计模拟阶段（20世纪50年代）、动力模拟阶段（20世纪60年代）、遥感动态监测阶段（20世纪70年代）及“3S”结合阶段（近20年以来）。遥感技术为主的作物估产模型发展历程主要如下（武建军，2001）。

1974年，Kanemesa比较了小麦、大豆、高粱的季节性反射模型，并利用MSS_4/MSS_5或MSS_4/MSS_7来估计叶面积指数。1975年，Deering等用G=NIR/R，NDVI=（NIR−R）/（NIR+R）来估计小麦密度、总干物质产量及谷物产量。同年，Fischer认为，作物进入生殖生长阶段后，作物产量是LAI的函数，且LAI的持续期决定最终产量。1977年，Idso等提出应力度日概念（Stress Degree Day Concept），并用来预测冬小麦产量。1977年，Heilmeu等利用陆地卫星数据测定叶面积指数（LAI）来估测冬小麦产量。1979年，Tucker研究表明，利用IR/RED比率和IR与RED的线性组合可用来估计作物产量。1981年，Aase等研究了冬小麦干物质与产量之间的关系，认为冬小麦产量与光谱反射率ND=（MSS_7−MSS_5）/（MSS_7+MSS_5）存在相关关系。同年，Compton等证明冬小麦干物质累积量与归一化植被指数之间存在线性关系。1986年，Peden利用大比例尺航测摄影方法，建立了玉米产量与比值植被指数间回归模型，并预测了玉米产量。1988年，Etenne Bartholome研究发现谷物总生物量与累积NDVI从分蘖起有线性关系，拔节后谷物产量与累积NDVI有更好的线性关系。1990年，Ashweeft研究了冬小麦产量与反射率之间的关系，结果表明冬小麦产量与NDVI关系最为密切。Rasmussen（1992）提出了以积分NDVI来估测作物产量，结果表明产量与积分NDVI间存在线性关系。Rasmussen（1998）提出在积分NDVI基础上，同时考虑光合有效辐射（PAR），从而计算植物净生产力（NPP）。

大量研究表明，植物的叶面积系数、生物量、干物重与植被指数间存在着较好的相关关系。因此，根据上述关系可以利用遥感提供的植被光谱信息估测农作物的产量。从20世纪90年代到现在，欧美的作物估产已经实现业务化运行，而且每年除了进行估测本国作物产量外，还进行全球粮食产量预测，在制定农业计划和粮食贸易等方面发挥着重要作用。

1.2.6.2 国外遥感估产模型形式发展趋势

随着“3S”技术的发展，遥感在作物产量估计中发挥了重要作用。与其他估产方法相比，利用遥感估产具有很多优势。利用遥感数据进行估产建模的形式主要有经验回归模型、作物生理模型和作物生长机理模型（Dadhwal & Ray，2000）。

（1）经验回归模型。经验模型建立在一定基本假设基础之上，即关键生长期作物参数（如生物量、LAI）与最终作物籽粒产量具有相关关系，且遥感数据与作物参数间存在显著相关关系。这种模型的缺点是遥感数据和最终产量数据之间的关系是随着作物生长期的变化而变化的。Tucker（1980）和Dadhwal等（1997）发现各种植被指数和作物产量间存在着较好的相关关系，这种相关关系为线性相关或非线性相关。

（2）干物质累积效率生理模型。干物质累积效率模型是由Monteith（1977）最先提出的，它从理论上描述了作物干物质的生产过程。该模型表示为：

$$\mathrm{DM} = \int \varepsilon \times i \times Q \times dt$$

式中，ε是截获光合有效辐射转化为干物质的效率（$g \cdot J^{-1}$）；i为太阳光合有效辐射截获率；Q为太阳光合有效辐射（$J \cdot m^{-2} \cdot d^{-1}$）；$t$为时间；DM为作物光合作用生产的所有干物质数量（$g \cdot m^{-2}$）。太阳光合有效辐射截获率可以通过遥感数据NDVI或LAI获取。太阳光合有效辐射可以实地测得，也可以通过遥感数据获取。

（3）作物生长机理模型。作物生长模型是通过各种植物生理参数来模拟农作物生长和发育的过程（Bouman，1995）。它是以计算机为主要工具的新兴研究方法和技术。它建立在许多相关学科基础之上，吸收了作物生理学、土壤学、农业气象学、作物栽培学等学科知识。目前的估产模型中很多思想和方法均来源于作物生长发育模型，如利用Logistic方程估计作物干重，模型建立中考虑的光合作用、呼吸作用、干物质积累和分配、叶面积增长，以及建立估产模型中考虑的温度、水分等因素也都与作物生长模型有密切的联系。估产模型建立与作物生长模型其思想密不可分，且估产模型在很大程度上是以作物生长模型为基础。

近年来，通过遥感获取部分模型参数将遥感和作物生长模型相结合，如Clevers（1995）将遥感信息与SUCROS（Simplified and Universal Crop Growth Simulator）相结合来预测甘蔗的产量。Doralswamy等（2003）通过遥感反演参数与EPIC模型（Erosion Productivity Impact Calculator）作物生长模型结合，来模拟春小麦作物产量。目前，和遥感结合且利用较多的模型还有WOFOST（World Food Studies）模型、CERES（Crop-Environment Resource Synthesis System）模型、DSSAT模型（Decision Support System for Agrotechnology Transfer）等。

1.2.6.3 国内估产模型研究发展进程

遥感估产工作在我国开始较晚，且最初主要集中在冬小麦，然后应用到水稻、玉米、棉花等作物上。张仁华（1983）以作物植被指数的峰值出现日期作为累计起始日，以黄熟期为终止日期，用热红外信息估测出的作物冠层温度与气温的差值进行累积，并将此累积值与产量建立相关关系，并最终估计出产量。史定珊等（1986）用冬小麦孕穗期的植被指数，建立河南省单产与总产预报模式。肖淑招等（1988）选取冬小麦抽穗前后植被指数建立了天津冬小麦单产预报模式，选取孕穗期的植被指数建立了总产预报模式。张仁华（1989）提出在作物植被指数到达峰值前采用植被指数累加值，在峰值后采用作物缺水指数累加值，并将两个累加值组合建立了以植被指数与热红外信息为基础的复合估产模型。朱晓红（1989）在不同生长阶段的光谱参数与冬小麦产量构成因素之间的相关关系的基础上，建立了垂直植被指数PVI与穗数、穗粒数和千粒重的统计模式，并最终确立了冬小麦估产的地面模型。田国良等（1989）利用垂直植被指数PVI计算出叶面积指数，并通过叶面积指数与作物截获的光合有效辐射的关系获得光合有效辐射，最终根据水稻的光合有效辐射的转换率来估算水稻的产量。徐希孺等（1993）通过可控样地试验，在初步揭示冬小麦产量构成三要素（穗数、粒数、千粒重）与光谱参数间内在联系的基础上，提出了一个包括遥感光谱参数、土壤含水量、日照、有效分蘖系数等有关参数在内的估产方法。李付琴等（1993）以北京顺义县为例，将气象因子与垂直植被指数（PVI）作为参数，用灰色模型G（2，0）和逐段订正模型，建立了冬小麦遥感信息—气象因子综合模型。1993年，钱栓以冬小麦返青—抽穗期的植被指数累加值为预报因子建立全国冬小麦总产预报模式。王乃斌等（1993）在分析冬小麦生长发育过程对光、温、水、肥等必需条件需求规律的基础上，提出了以绿度指数（光谱植被指数）、温度和绿度变化速率等因子构成的大面积冬小麦遥感估产模型。“九五”期间，由中国科学院遥感应用研究所等单位完成的“全国资源与环境信息系统与农情速报”在遥感估产模型方面做了一些有益的探索，取得了一些可喜的成果。陈乾（1994）建立了冬小麦整个生育期植被指数累加值与县级冬小麦单产的回归关系。

1.2.6.4 国内遥感估产模型的形式

我国农作物估产模型的研究除了跟踪国外发展动向外，国内科学工作者一直在积极探索模型的理论、技术和方法，主要包括经验模型、半机理模型和机理模型。其中，被广泛研究的经验模型和机理模型主要情况如下。

（1）遥感参数与作物产量间经验模型。

①只采用一种遥感参数（如植被指数）与产量组建线性或非线性估产模型。

a. 采用一个生育期遥感参数直接与产量组建估产模型。江南等（1996）分别建立了水稻各生长期比值植被指数（RVI）和水稻干物重之间的关系。该种单产估产模型的优点是模型参数只有一个，并且可用遥感方法获得。但是VI参数只具有小麦单一生育期的生长状况信息，最后单产的估测精度会受到影响。

b. 采用多个生育期同一遥感参数与产量组建估产模型。王人潮等（1998）组建的水稻多生育期RVI与实测产量间的估产模型Y=−274.4−47.74RVI（分蘖期）+42.16RVI（孕穗期）。江东等（2002）利用气象卫星NOAA-AVHRR资料，以华北冬小麦为例，探讨了NDVI在冬小麦各生育期的积分值与农作物单产之间的相关关系。结果表明，利用长时间序列的NDVI数据，结合作物的物候历，可以实现作物长势的遥感监测和产量遥感估算。刘可群等（1997）利用NOAA-AVHRR资料计算水稻叶面积时间累积量并用它预报水稻产量，精确度较高。

②同时采用多种遥感参数与产量建立估产模型。黄敬峰等（2002）以NOAA-AVHRR资料为主，利用比值植被指数和归一化植被指数，提出的水稻遥感估产比值模型和回归模型，预报浙江省的水稻总产，拟合精度达到95%以上。

（2）用遥感信息与非遥感信息结合组建混合估产经验模型。这里的非遥感信息主要指气象、太阳辐射、土壤水分等因素。刘湘南等（1995）提出了用VIT梯形计算作物水分胁迫指数（CWSI）的新方法，并用CWSI进行玉米长势监测与产量预报，该指数从能量平衡的角度出发，综合反映了太阳辐射、光合作用、蒸腾作用、土壤含水量、含盐量等众多影响作物生长发育的因子和过程，该方法所需输入的冠层温度、植被指数3个变量中，均可由遥感方法获得，空气温度则由地面台站提供。侯英雨等（2001）利用冬小麦返青初期—抽穗初期的累积植被指数和孕穗—灌浆阶段的温度累积值为模型因子，建立冬小麦产量估算模型，为模型的业务化应用奠定了基础。张晓煜等（2000）利用遥感数据比值植被指数和气象数据与玉米产量之间的关系，建立了玉米遥感—气象估产模型：$Y=9.65G_1+8.13G_2+38.99G_3+12.43G_4-1\ 664.2$，其中$Y$为玉米单产，$G_1$为5月下旬各县的比值植被指数平均值，$G_2$为同期的差值植被指数，$G_3$为5月上旬到6月下旬各县降水，模型拟合效果达极显著水平。

（3）遥感参数和其他模型的混合和链接。沈掌泉等（1997）在水稻遥感估产中，将遥感光谱参数LAI与作物气候模型YLDMOD结合起来，并取得满意结果，该方法既能体现现势性，又反映了作物生长的生理过程，从而为高精度地估测水稻产量创造了条件，使遥感信息与作物生长模拟模型相互取长补短，充分发挥二者结合的优势，为作物遥感估产提供了一种新的方法。张佳华等（1998）在华北平原利用遥感信息结合植物光合生理特性研究区域作物产量水分胁迫模型，进而估算了冬小麦产量。近些年，国内学者也开展了不同主流模型（如WOFOST、DSSAT和EPIC等）不同同化方法（如EnKF、PF、POD-4DVar、SCE-UA等）支持下的作物生长模型作物单产模拟比较研究（马玉平等，2005；Fang et al.，2008；姜志伟，2012；Jiang et al.，2013，2014；Li et al.，2016），特别是围绕模型参数本地化、模型区域化、模型同化方案比较和模型不确定分析等方面进行了深入研究，取得了系列成果，为提高我国农作物单产定量化模拟的技术精度和水平发挥了重要作用（杨鹏等，2007；任建强等，2011；姜志伟等，2012）。随着遥感同化生长模型作物单产模拟技术研究的逐渐深入，该技术已经成为作物估产中最有潜力的估产模型和方法。

第2章　基于GIS的农作物气象估产模型研究

2.1　研究区概况

黄淮海平原是中国重要的粮食生产基地，位于中国北部32°～42°N，113°～120°E，包括河北、河南、山东等省，北京和天津地区也是该区的一部分（图2-1）。该区为洪冲积平原，土地总面积约为32万km^2，属于温带半湿润季风气候，大于0℃年积温4 200～5 500℃，平均年降水量为500～900mm，年累积辐射量为5 100～5 300$MJ \cdot m^{-2}$，无霜期为170～220天，主

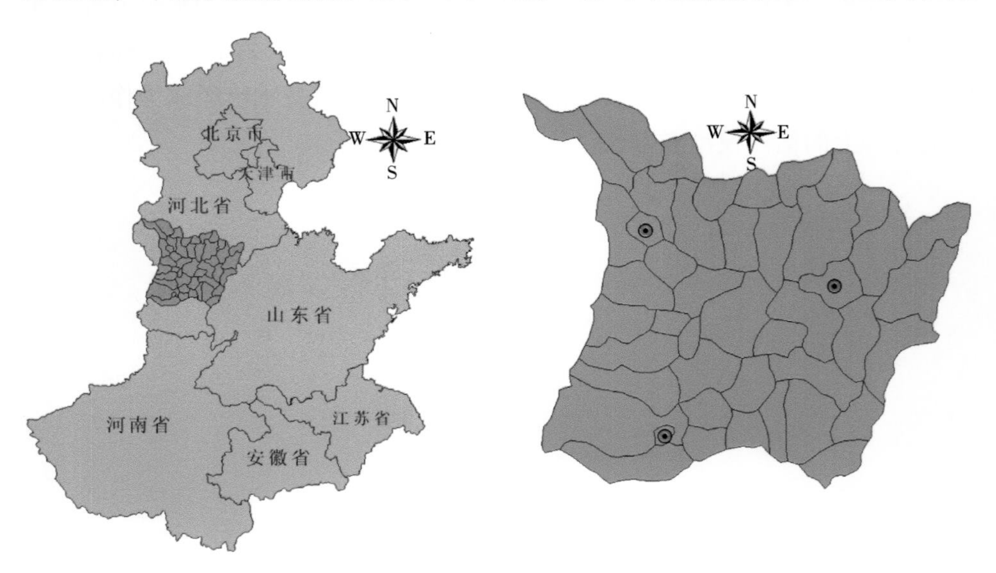

图2-1　研究区位置

Fig. 2-1　Location of the research region

要的粮食作物耕作制度为冬小麦—夏玉米一年两熟。本章的研究区位于黄淮海平原内，包括石家庄地区、衡水地区和邢台地区，共计45个县（市），土地总面积约为3.1万km^2。该研究区在黄淮海平原内是典型的冬小麦种植区，属于全国冬小麦种植区划内的黄淮平原冬麦区。针对该区进行深入研究，对于提高黄淮海平原冬小麦估产的精度具有重要意义。

2.2 研究区自然环境因素

2.2.1 气候条件

2.2.1.1 光照条件

研究区年辐射量为5 200～5 300MJ·m^{-2}，年日照时数2 500～2 700h，并由北向南递减。该区3—5月光照条件好，温度回升快，相对湿度较低，冬小麦光合效率高。

2.2.1.2 温度条件

研究区年均温12～14℃，最冷月均温-6.5～-4℃，大于0℃年积温4 800～5 200℃，≥10℃积温为4 400～4 600℃，热量条件可满足冬小麦—夏玉米一年两熟的要求。本区气候温和，无霜期为190～205天，冬季温度基本可以保证冬小麦安全越冬的要求。

2.2.1.3 水分条件

研究区平均年降水量500～600mm，且由北向南逐渐增多。小麦生育期期间降水量为160～210mm，其中冬季降水6～20mm，占全年降水的2%左右，春季降水40～80mm，约占全年降水的10%。

2.2.1.4 气象灾害

研究区内灾害频繁，主要灾害是春旱及干热风等。其中春旱频率最高，危害范围大，影响冬小麦生育期发育，影响冬小麦穗粒数。干热风是冬小麦灌浆乳熟时期出现的一种西南风，加剧冬小麦植株蒸腾，造成水分失调，茎叶凋萎，籽粒干瘪，从而影响小麦产量。

本区的气候资源特点是：光热资源较丰富，可满足冬小麦—夏玉米一年两熟作物的需要，且具增产潜力；光、温、水同季，有利于冬小麦生长发育；降水季节分配不均，旱涝灾害频繁。

2.2.2 地形/地貌条件

地形/地貌条件对农业生产具有重要的影响，是从事农业生产的基础条件。随着地貌类型、地貌部位的不同，水热条件、土壤、植被、土地利用方向和农业生产水平等情况都会发生有规律的相应变化。黄淮海地区的主要地貌类型有山地、丘陵、山前洪冲积平原和洪冲积低平原及滨海平原。研究区域主要位于太行山山麓平原和海河冲积平原。

2.2.2.1 太行山山麓平原

沿太行山山麓下部分布，地势微倾且平坦，土层深厚，排水流畅，土壤肥沃，质地多为壤土，耕性较好，地下水充足，具备发展农业生产的优越条件，是农作物集中分布且高产稳产的地区。

2.2.2.2 海河冲积平原

在太行山山前平原的下部，由海河等水系在下游的地上河河床多次改道形成，海拔较低，地势平缓，坡度小（1/10 000 ~ 1/5 000），地下水位高，排水困难，土壤质地过沙或过黏，旱、涝、盐碱灾害频繁发生，影响农业生产。虽然作物分布广泛，但是长势不均匀，产量不高，但是通过多次海河治理，农业生产条件得到改善。

2.3 影响作物产量的因子分析

作物的生长和最终产量的高低受众多因素的综合影响，除了受气象因素影响外，还受到抗防因子及一些随机因子的影响（侯云先，1994）。具体产量构成因子如图2-2所示。

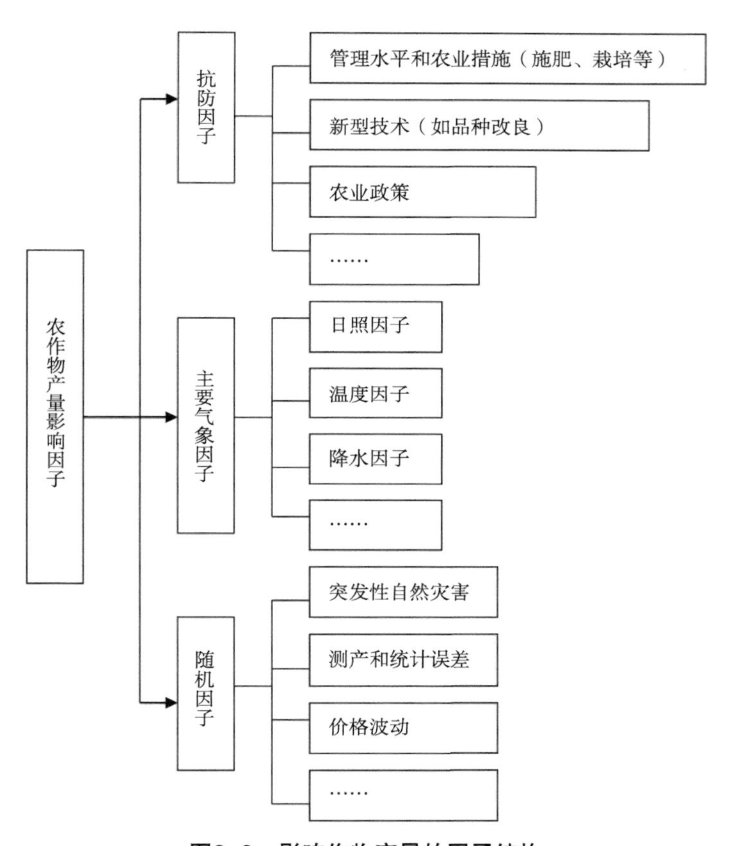

图2-2 影响作物产量的因子结构

Fig. 2-2 Composition of factors affecting the crop yield

2.3.1 气象因子

气象因子是周期性波动的不可控的自然因子，包括日照、温度、降水等基础因子。通过基础气象因子的作用，作物进行光合作用，从而累积形成干物质。由于气象因子的相互影响和自身的变化，导致气候条件复杂多变，在超出作物生长条件（或生理极限）后，就形成了灾害，如干旱和雨涝等。但是，虽然气象因子具有不可控性，但通过长期的气候资料分析，可从中发现规律，进而对气象因子进行预报。

2.3.2 抗防因子

抗防因子是可控的人为因子，主要包括农业管理水平、农业措施、新型技术的应用和农业政策等。此外，还包括灾害监测和预测的能力等。

2.3.3 随机因子

随机因子是除周期性波动的不可控气象因子和上述的抗防因子外，其余影响农作物产量的因素。一方面是由人为因素造成的波动，这是本应可以避免的或至少可以减少到最小限度，但由于无法事先作出预测，因此人为因素只能作为随机项处理；另一方面是由异常气象因子造成的波动，异常气象因子没有周期变化的特点，是不可控的气象因子，也作为随机项处理。

2.4 作物产量农业气象预报的理论依据

作物产量农业气象预报的理论依据主要指作物生长发育和产量形成与气象条件两个方面（黄敬峰等，1996）。一般来说，这两个方面都有各自的固有规律，作物生长具有生长发育和产量形成的生物学规律；气象条件具有天气气候演变的气象学规律。这两方面规律虽未全被人类所知，但基本规律早已被掌握。作物产量农业气象预报可以充分利用这两方面的基本规律，作为理论依据，指导实践。更重要的是当作物生产与气象条件结合以后，形成的农业气象学规律，更是作物产量农业气象预报自身特有的理论依据，主要指以下几方面。

2.4.1 农业气象要素对农作物生产过程作用的持续性

某些农业气象要素本身可以累积或贮存，逐渐地、持续地满足作物生长发育和产量形成的需要，而且当农业气象要素对作物生长发育和产量形成发生作用以后，这种作用的效果可以持续一段时间。

2.4.2 作物生长发育和产量形成对外界气象条件反应的前后相关性

气象条件对作物生长发育和产量形成的影响虽然可以通过栽培措施加以调节，使其后的生长发育状况发生改变，但总会保留下前期作用形成某些结果的痕迹。此外，外界气象条件之间也有一些相关性。

2.4.3 农业气象要素和作物生产的相对稳定性

一个地区每年的天气气候条件和作物生产情况虽不完全相同，但从多年平均情况看，二者则是相对稳定的，如作物的发育期、各生育期间间隔日数、各生育期间积温和平均气温等，也都是相对稳定的。

2.4.4 外界气象条件对作物生长发育和产量形成作用的不等同性

在作物不同生育期，同一气象因子对作物的作用效果不同，因此，在进行作物产量农业气象预报时，应抓关键生育期的气象因子进行预报，以便取得较好效果。

2.5 作物气象估产模型建立原理和步骤

2.5.1 气象模型建立原理

通过对影响作物产量因子的分析，可将作物产量Y_i分解为三个部分：一是由技术进步、农业政策、物质投入的增长而引起的作物产量的增长，按时间序列表现为一种相对稳定的增长趋势，形成趋势产量Y_{it}，该产量反映一定历史时期的产量水平；二是由当年气象条件所确定的那一部分产量形成气象产量Y_{iw}，它反映气象波动对产量的影响；三是由随机因子影响的随机项产量e_i，即：

$$Y_t=Y_{it}+Y_{iw}+e_i$$

式中，Y_t是作物产量；Y_{it}是趋势产量；Y_{iw}是气象产量；e_i为随机误差项产量，是不可控制因素，一般可以忽略不计。

2.5.2 气象模型的建立步骤

气象模型建立中关键步骤是将农作物产量分解成趋势产量和气象产量。然后再分别模拟趋势产量和气象产量。气象产量=农作物产量-趋势产量，即：

$$Y_{iw}=Y_t-Y_{it}$$

2.5.2.1 趋势产量预测方法

趋势产量预测方法包含直线回归、指数函数、正交多项式回归、幂函数、灰色系统CM（1，1）模型、滑动平均法等，进行趋势产量预报模型时可任选一种方法进行计算，也可根据上述几种方法进行计算，挑选出最适合当年的趋势产量（刘可群等，1996；南都国等，1997）。趋势产量的形式一般符合“S”形曲线或直线形式。本研究中采用直线回归形式，即：

$$y_t=a+b\times t$$

式中，a，b是参数；y_t是时间趋势产量；t是时间，其值等于年份减去或除以一个基底年，即：

$$t=\mathrm{year}-t_0$$

t采用何种形式、基底年取多少为宜，取决于用于时间趋势模型回归的数据系列长度。长期的时间序列一般采用$t=\mathrm{year}/t_0$的形式，短时间序列采用$t=\mathrm{year}-t_0$形式。

本研究是1985—1998年产量系列为基础进行回归计算的，故采用形式如下：

$$t=\mathrm{year}-1\,985$$

2.5.2.2　气象产量预测方法

（1）气象产量的表达形式。根据趋势产量分离后得到气象产量Y_{iw}，其中气象产量包括差值、比值和相对气象产量3种计算方法，即：

①差值气象产量。

$$Y_{wi}=Y_{iw}-Y_{it}\ (i=1, 2, 3, \cdots, n)$$

②比值气象产量。

$$Y_{wi}(\%)=(Y_{iw}/Y_{it})\times 100\ (i=1, 2, 3, \cdots, n)$$

③相对气象产量。

$$Y_{wi}(\%)=[(Y_{iw}-Y_{it})/Y_{it}]\times 100\ (i=1, 2, 3, \cdots, n)$$

在本研究中，采用差值气象产量建模形式。

（2）影响气象产量形成的气象因子的筛选。气象产量模拟中的关键过程之一是确定影响气象产量形成的气象因子，然后从众多气象因子中筛选隐含信息量大的因子。其行之有效的数理统计方法有多元回归、MAICE回归、逐步回归、稳健回归、岭回归、主成分回归、多种聚类分析和判别分析等方法（汤志成等，1996；王荣堂等，1996；史永臣等，2001）。本研究中采用强制回归法，建立多元回归模型。

从应用的角度，模型所含的信息越多越好，但从模型的稳定性考虑，进入模型的因子不应过多。因此，首先对因子进行初选，气象因子初选对象是温度、降水、日照及由以上因子经运算构成的组合因子或膨化因子。

气象因子的选取遵循以下原则，第一，模型中的气象因子要具有一定的生物学意义；第二，要选择对作物产量形成起关键作用的因子和时段；第三，选择相关性较好的因子；第四，作为一种预报模型要具有预报意义或具有一定预报效果（刘可群等，1996）。如进行气象因子与产量之间的相关性分析，可通过相关系数和显著性进行气象因子初步筛选。气象因子的时段可根据气象部门的特点以及作物物候期长短的不同进行选择，如10天、20天，也可以月为单位。

2.6 研究区作物估产气象模型建立

2.6.1 农作物气象估产模型研究技术路线

气象估产模型研究技术路线如图2-3所示。

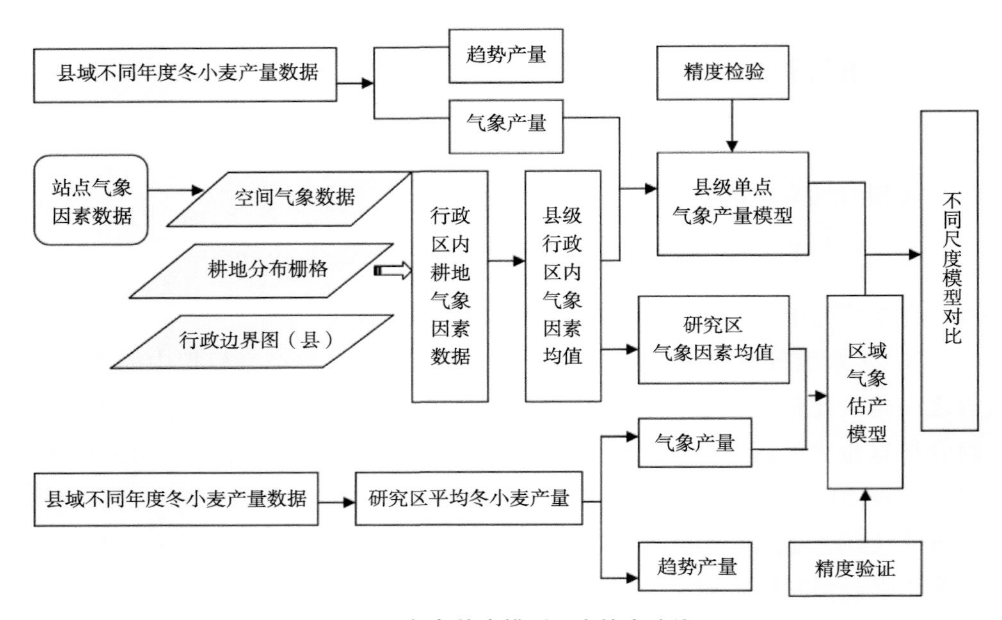

图2-3　气象估产模型研究技术路线

Fig. 2-3　Flowchart for yield estimation using agri-meteorological model

2.6.2 研究区县级尺度气象估产模型建立

分县模型的建立实质就是在各县建立单点气象模型，所需气象数据为各县耕地上各旬气象数据的均值。但是为了得到各县的气象数据，需将研究区内各个气象站点数据进行空间内插，然后叠加耕地图，再进行各县内耕地上旬气象数据的平均统计。最后整理得到各县每旬耕地上气象因素数据，然后进行单点模型建立。

2.6.2.1　数据准备与处理过程

本研究中使用的气象站点数据和分县产量数据从1985—1998年。建立气象估产模型所用的数据从1985—1997年，1998年的气象数据和产量数据用来验证所建的气象模型。

研究中的气象站点资料包括旬日照时数、旬降水量、旬平均温度（单位：h、mm和℃）。同时可以生成其他气候膨化因子，如某生育期平均温度、某生育期总降水、某生育期总日照时数等。数据处理过程如下所述。

（1）准备研究区内气象站点内插空间数据。首先将研究区内气象站点数据利用反距离权重法（IDW）进行内插，内插的分辨率为5 000m，得到研究区内1985—1998年每年各旬的温度、降水、日照等气象因子的空间数据。为了增加气象数据内插的精度，特别是防止研究区内的气象站点少，导致研究区气象数据内插的精度不高的特点，特别是研究区边缘数据精度低的现象，本研究利用黄淮海地区的气象站点数据进行内插（图2-4），得到黄淮海地区1985—1998年各旬温度、降水、日照的数据（图2-5至图2-7）。然后再切割下石衡邢地区的内插空间数据进行处理。

图2-4　研究区气象站点分布示意图

Fig. 2-4　Distribution of wheather station

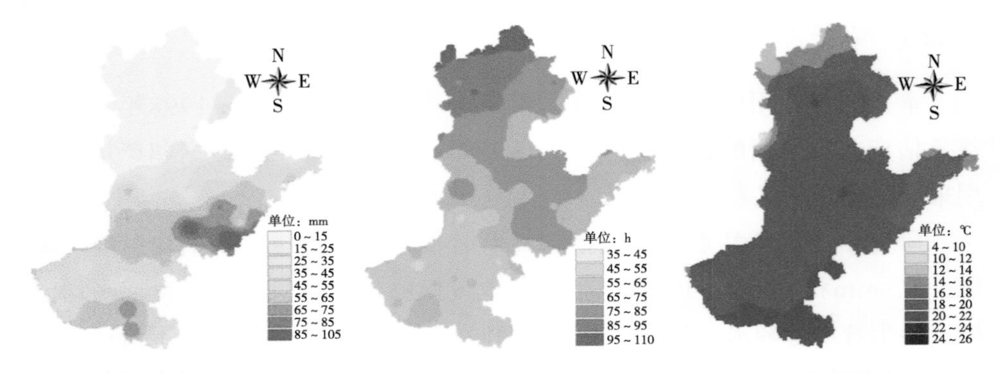

图2-5　黄淮海地区旬降水（1990年5月中旬）

Fig. 2-5　Distribution of 10-day Rainfall in Huanghuaihai Plain

图2-6　黄淮海地区旬日照（1990年5月中旬）

Fig. 2-6　Distribution of 10-day Sun hour in Huanghuaihai Plain

图2-7　黄淮海地区旬温度（1990年5月中旬）

Fig. 2-7　Distribution of 10-day temperature in Plain

（2）由于耕地栅格图分辨率为250m（图2-8），为了与之匹配，将研究区内空间气象数据在ArcInfo中的Grid模块下设置成250m分辨率。

（3）然后在Grid模块下提取研究区内耕地部分的1985—1998年各旬气象数据（图2-9至图2-11），并在Grid模块下利用县界Coverage进行分县统计耕地上的气象因素均值，并将耕地上各旬气象数据转化为·dbf数据表。

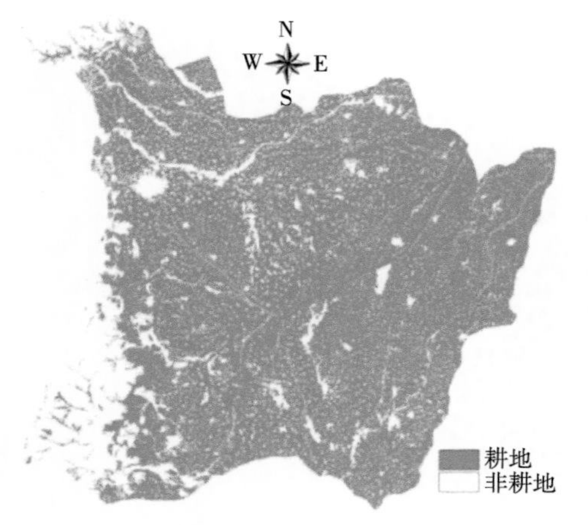

图2-8　石衡邢地区耕地分布

Fig. 2-8　Distribution of arable land in research region

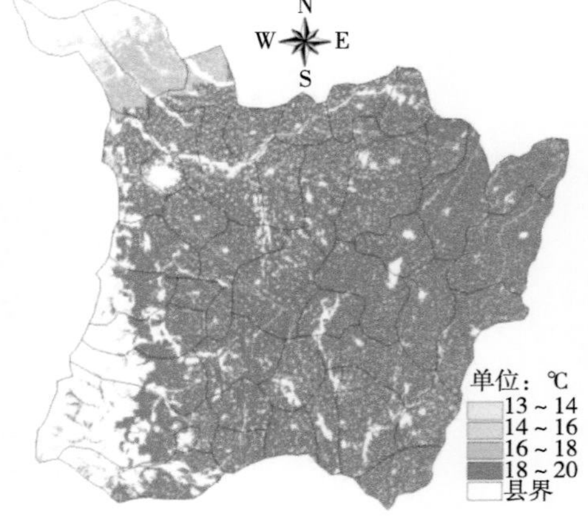

图2-9　石衡邢地区旬均温分布（1990年5月中旬）

Fig. 2−9　Distribution of 10-day average temperature in research region

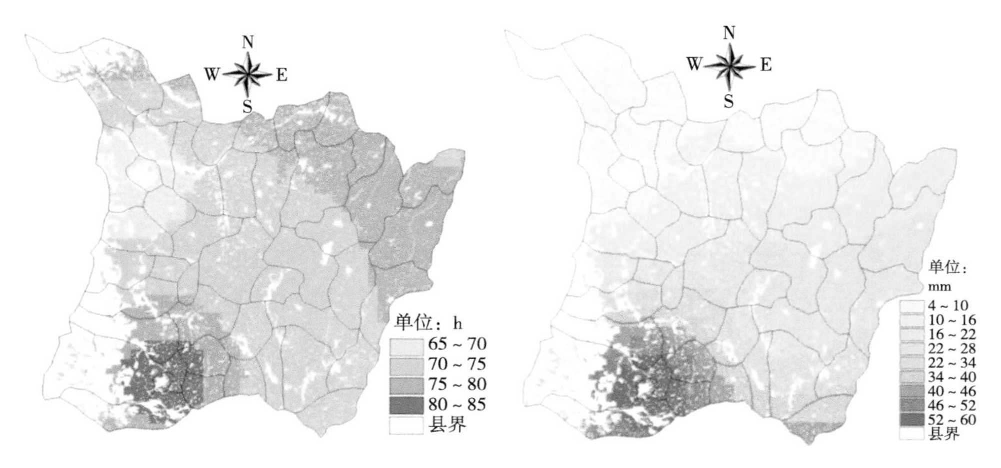

图2-10　石衡邢地区旬日照分布（1990年5月中旬）

Fig. 2-10　Distribution of 10-day average sun hour in research region

图2-11　石衡邢地区旬降水分布（1990年5月中旬）

Fig. 2-11　Distribution of 10-day average rainfall in research region

2.6.2.2　县级单点气象模型的气象因素选择及模型建立

由于作物产量主要受温度、降水、日照时数的影响（黄敬峰等，1996）。根据气象模型预测产量的理论依据，气象因素对于作物产量的影响具有贮存性和一定滞后性，因此，本研究中着重考虑气象因子在一定时间内的累积作用，即派生生成某时段内平均温度、总降水和总日照时数。

为了使模拟结果与业务化运行的需求一致，本研究从冬小麦返青至成熟期间，共模拟7次，即建立7个时期的气候模型，分别为3月下旬、4月上旬、4月中旬、4月下旬、5月上旬、5月中旬和5月下旬。当建立3月下旬冬小麦气象模型时，所考虑的因素时间为上年9月至翌年3月下旬；当建立4月上旬气象模型时，考虑的时间为上年9月至当年4月上旬，依此类推，至5月下旬。

同时，气象因素的选择主要考虑气象因素对农作物的累积效果。如考虑降水的开始时间主要从上年9月算起，这主要考虑到墒情对小麦出苗的影响；考虑温度的开始时间从上年10月考虑；考虑日照的开始时间则从当年3月上旬考虑。结束时间，则到预报产量的时间。下面以衡水深州市为例说明

3月下旬预报产量的单点气象模型建立过程。

（1）模拟趋势产量。在建立气象模型中，首先利用直线回归建立趋势产量方程，如图2-12所示，得到的模型为：

$$y=290.88x+2\ 586.8$$

其中x为年份差，本例中模拟1985—1997年。y为冬小麦趋势产量，R^2为0.827 9。然后，再根据上式求出气象产量。所得结果如表2-1所示。

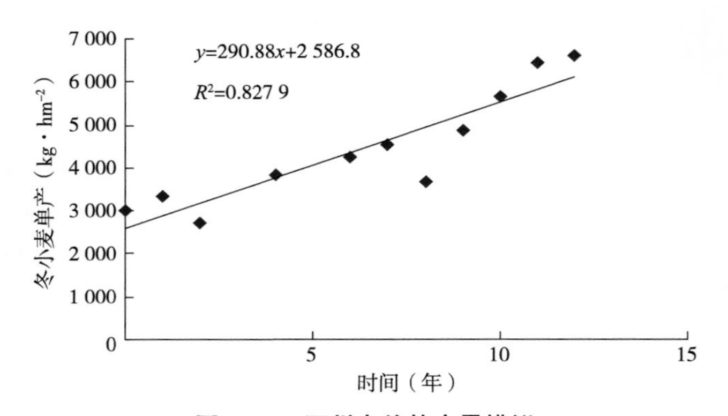

图2-12　深州市趋势产量模拟

Fig. 2-12　Trend yield simulation in Shenzhou County

（2）冬小麦产量的分解。根据上面模拟的深州市趋势产量方程，分别计算每年的趋势产量，然后从总产量中减去趋势产量，便可得到小麦气象产量。深州市产量分解的结果如表2-1所示。同时表2-1中列出了通过统计的气象因素数据。

表2-1　深州市冬小麦产量分解及气象数据

Table　2-1　Components of winter wheat production and relevant wheather data in Shenzhou County

年份	小麦产量	趋势产量	气象产量	r9_11（mm）	r12_2（mm）	r3（mm）	t10_11（℃）	t12_2（℃）	t3（℃）	s3（h）
1985	3 022.72	2 586.8	435.92	71.5	13.51	7.95	9.17	−3.00	4.00	203.22
1986	3 327.08	2 877.68	449.40	144.0	11.64	25.99	8.76	−3.34	6.01	218.29
1987	2 715.00	3 168.56	−453.56	42.0	11.98	4.34	7.81	−1.79	5.00	222.08
1989	3 815.15	3 750.32	64.83	80.7	5.78	12.00	9.99	−1.00	7.13	255.01

（续表）

年份	小麦产量	趋势产量	气象产量	r9_11 (mm)	r12_2 (mm)	r3 (mm)	t10_11 (℃)	t12_2 (℃)	t3 (℃)	s3 (h)
1991	4 241.07	4 332.08	−91.01	108.6	2.65	27.89	10.56	−1.17	4.00	165.58
1992	4 521.81	4 622.96	−101.15	74.4	9.95	5.78	9.13	−1.00	6.00	172.66
1993	3 662.63	4 913.84	−1 251.21	60.4	3.09	3.68	8.00	−1.26	7.00	240.25
1994	4 859.61	5 204.72	−345.11	146.3	3.48	2.00	8.56	−1.00	5.00	228.56
1995	5 635.88	5 495.6	140.28	83.9	9.14	11.02	10.00	−0.58	7.00	246.77
1996	6 437.71	5 786.48	651.23	89.9	0.00	4.87	10.67	−1.00	4.18	217.32
1997	6 577.12	6 077.36	499.76	55.0	3.72	33.93	9.16	−0.16	7.91	212.81

注：表中r9_11是9月1日至11月30日的总降水量，r12_2是12月1日至翌年2月30日总降水量，r3是当年3月降水量，t10_11是10月1日至11月30日之间平均气温，依此类推。

（3）气象产量模型的建立。利用表2-1中深州市的气象产量和对应的气象数据在SPSS11.5统计软件中进行多元统计回归模型的建立。得到的气象产量模型如下：

$$y=-4\,399.98+0.562\ r9\_11+49.253\ r12\_2+19.855\ r3+363.277\ t10\_11+0.850\ t12\_2-80.463\ t3+3.995\ s3$$

（4）模型的应用与验证。将上述模型应用于1998年深州市冬小麦产量的预测。可以计算得出深州市1998年的趋势产量为6 368.24kg·hm^{-2}，其气象产量为-12.74kg·hm^{-2}，预测冬小麦产量为6 355.5kg·hm^{-2}，其实际单产为5 823.84kg·hm^{-2}，其相对误差为9.13%。

2.6.2.3 研究区内单点气象模型的应用与验证

同理，依照深州市建立模型和应用检验模型的方法，本研究将研究区45个县（市）分7个时期均建立了气象估产模型，并采用1998年的气象数据对所建气象模型进行应用和验证。图2-13至图2-19是1998年3月下旬至5月下旬预测小麦产量模型的验证结果。可见，利用3月下旬至5月下旬的气象模型预测1998年冬小麦产量和实际统计产量具有较好的相关性。

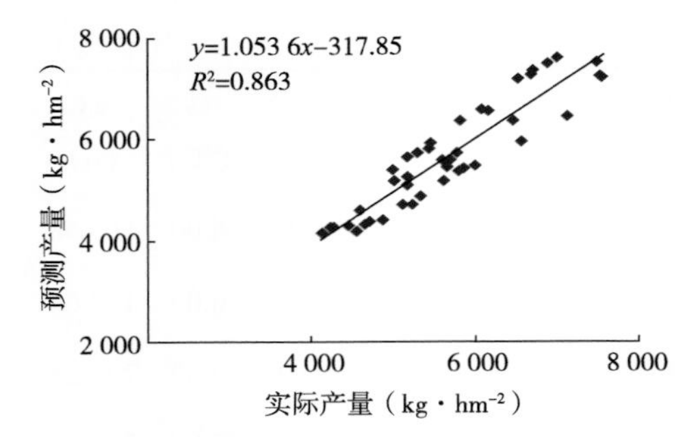

图2-13 3月下旬冬小麦气象模型预测结果验证

Fig. 2-13 Validation of predicted yield using agri-meteorological model in last 10-day of March

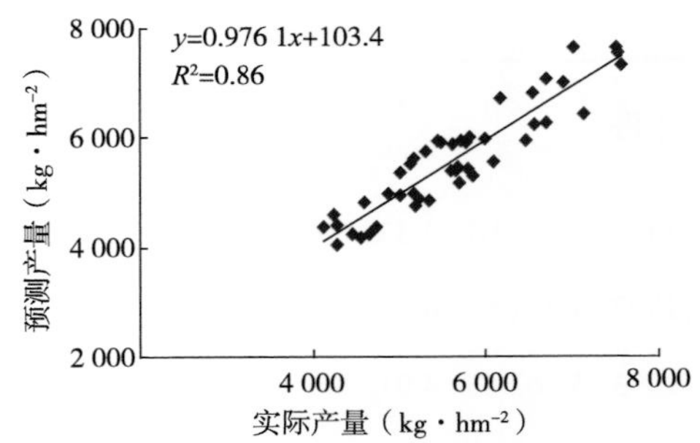

图2-14 4月上旬冬小麦气象模型预测结果验证

Fig. 2-14 Validation of predicted yield using agri-meteorological model in first 10-day of April

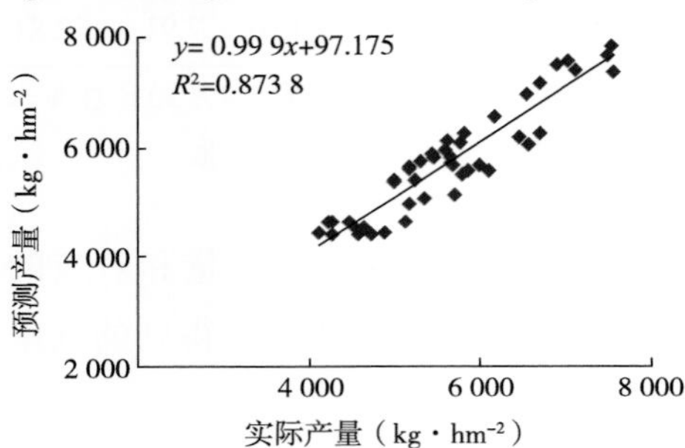

图2-15 4月中旬冬小麦气象模型预测结果验证

Fig. 2-15 Validation of predicted yield using agri-meteorological model in middle 10-day of April

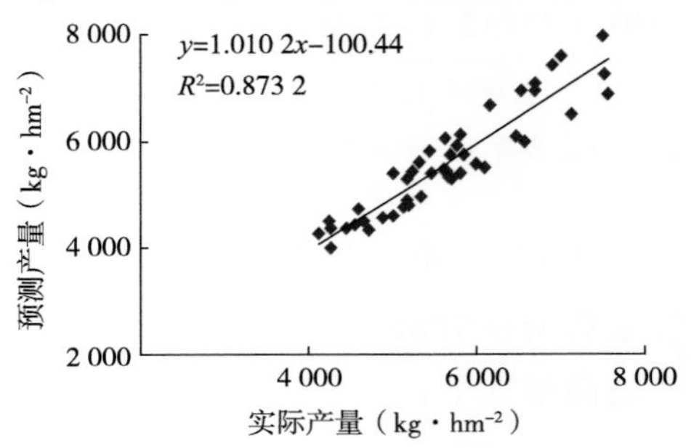

图2-16 4月下旬冬小麦气象模型预测结果验证

Fig. 2-16 Validation of predicted yield using agri-meteorological model in last 10-day of April

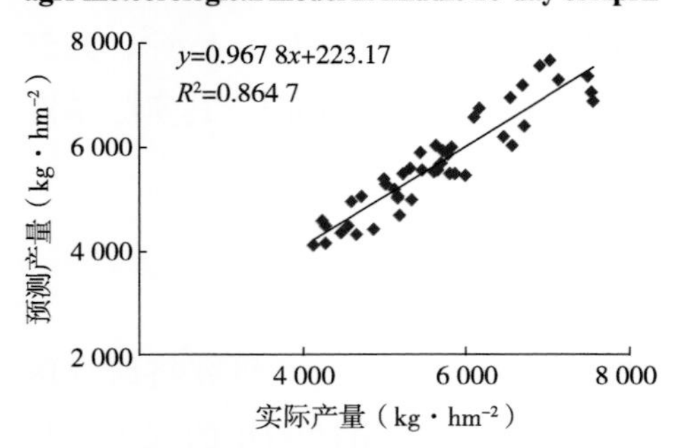

图2-17 5月上旬冬小麦气象模型预测结果验证

Fig. 2-17 Validation of predicted yield using agri-meteorological model in first 10-day of May

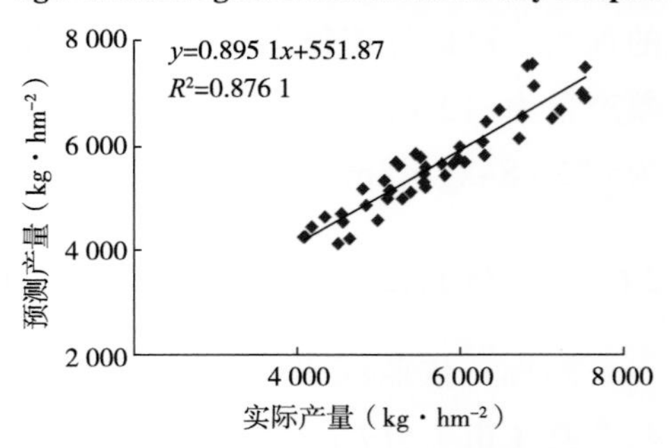

图2-18 5月中旬冬小麦气象模型预测结果验证

Fig. 2-18 Validation of predicted yield using agri-meteorological model in middle 10-day of May

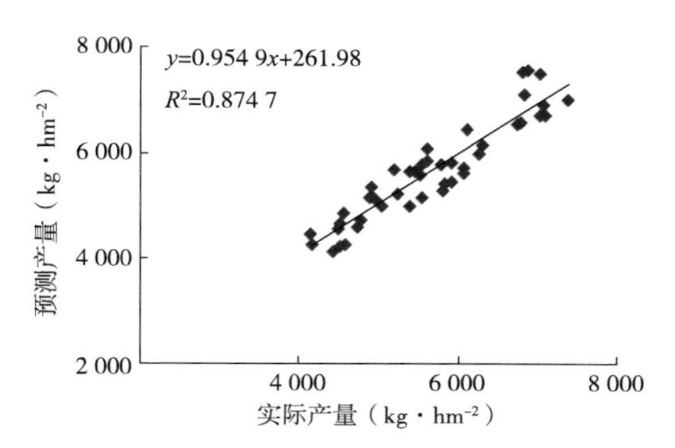

图2-19　5月下旬冬小麦气象模型预测结果验证

Fig. 2-19　Validation of predicted yield using agri-meteorological model in last 10-day of May

利用多年历史气象数据和产量统计数据建立的分县气象模型，在3月下旬至5月下旬预测1998年小麦产量结果的相对误差均在-9.99%～9.87%，分县相对误差绝对值在0.01%～10.00%，平均相对误差绝对值在5.02%～5.91%，如表2-2所示。尽管分县相对误差和分县相对误差绝对值变化的幅度较大（最大变幅分别为19.86%、9.99%），但整个研究区域平均的相对误差绝对值却较小，且变幅最大值仅为0.89，可见分县气象模型预测结果的精度若从单个县衡量，精度较低，且不稳定，但从整体衡量，其精度是可以接受的，其预测结果整体误差也具有较好的稳定性。但从业务化运行的方便性看，分县模型不利于气象估产业务化运行的实施。

表2-2　不同时期分县气象估产模型应用检验结果

Table 2-2　Validation results of agri-meteorological models at county level in different periods

时间	预测产量与实际产量间决定系数（R^2）	分县相对误差（%）	分县相对误差绝对值（%）	平均相对误差绝对值（%）
3月下旬	0.863	-9.95～9.87	0.01～9.95	5.62
4月上旬	0.860	-9.99～9.28	0.10～10.00	5.84
4月中旬	0.873 8	-9.64～9.76	0.12～9.76	5.91
4月下旬	0.873 2	-9.58～8.31	0.62～9.58	5.50
5月上旬	0.864 7	-9.50～9.79	0.01～9.79	5.24
5月中旬	0.876 1	-9.48～9.75	0.03～9.75	5.02
5月下旬	0.874 7	-9.50～9.26	0.09～9.50	5.02

2.6.3 区域尺度气象估产模型的建立

考虑到区域尺度下冬小麦气象估产业务化运行的需要，本研究进一步将研究区内45个县（市）作为一个整体进行研究。建立气象模型的过程和方法与分县气象模型的步骤一致，不同在于将45个县（市）的气象因子进行了平均处理，同时也做了产量数据的平均。为了与分县气象模型的估产精度及误差的稳定性对比分析，考虑的气象因素和气象因素的累积时间全部相同。预测产量的时间也相同。

2.6.3.1 区域尺度气象模型趋势产量的模拟

在建立大尺度整体气象模型时，首先利用直线回归建立整体趋势产量方程（图2-20），得到的趋势产量模型为：

$$y=196.88x+3\ 090$$

其中，x为年份差，本例中模拟1998年；y为冬小麦趋势产量，R^2为0.860 2。然后，再根据整体趋势产量模型求出气象产量。所得结果如表2-3所示。

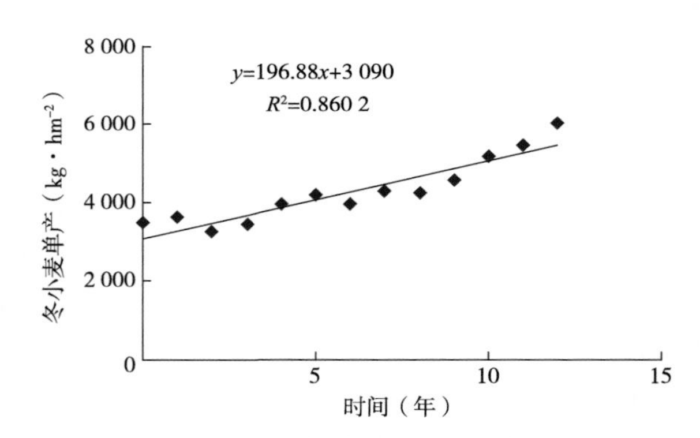

图2-20 大尺度整体模型中趋势产量模拟

Fig. 2-20 Trend yield simulation at regional level

2.6.3.2 冬小麦产量分解

将趋势产量从冬小麦产量中减去，便得到冬小麦气象产量，利用气象统计数据和气象产量数据，可建立不同时期气象产量预测模型，如表2-3所示。

表2-3　石衡邢地区区域尺度气象估产模型的产量分解

Table 2-3　Components of winter wheat production at regional level in research region

年份	时间差（年）	小麦实际单产（kg·hm^{-2}）	趋势产量（kg·hm^{-2}）	气象产量（kg·hm^{-2}）
1985	0	3 465.63	3 090.00	375.63
1986	1	3 614.47	3 286.88	327.59
1987	2	3 264.59	3 483.76	−219.17
1988	3	3 455.17	3 680.64	−225.47
1989	4	3 958.90	3 877.52	81.38
1990	5	4 184.29	4 074.40	109.89
1991	6	3 932.24	4 271.28	−339.04
1992	7	4 263.58	4 468.16	−204.58
1993	8	4 239.30	4 665.04	−425.74
1994	9	4 555.95	4 861.92	−305.97
1995	10	5 156.07	5 058.80	97.27
1996	11	5 426.76	5 255.68	171.08
1997	12	6 009.39	5 452.56	556.83

2.6.3.3　区域尺度气象产量模型的建立

利用表2-3的气象产量和对应的气象数据在SPSS11.5统计软件中进行多元统计回归模型的建立，得到不同预测时间的整体气象产量模型，气象模型参数如表2-4所示。

表2-4　石衡邢地区区域尺度气象产量模型参数

Table 2-4　Parameters of model for simulating wheather yield at regional level in research region

时间	constant	R9_11	R12_2	R3	T10_11	T12_2	T3	S3
3月下旬	−2 818.49	−1.230 0	−6.395 0	7.193 0	163.796 0	−220.529 0	79.972 0	3.122 0
时间	constant	R9_11	R12_2	R3_4f	T10_11	T12_2	T3_4f	S4f

（续表）

时间	constant	R9_11	R12_2	R3	T10_11	T12_2	T3	S3
4月上旬	−3 036.11	−1.386 2	−9.109 5	7.808 2	172.964 7	−229.163 6	98.213 7	1.782 7
时间	constant	R9_11	R12_2	R3_4s	T10_11	T12_2	T3_4s	S4s
4月中旬	−3 736.22	−1.850 3	−2.991 2	0.759 0	221.987 0	−177.659 5	123.972 2	1.538 1
时间	constant	R9_11	R12_2	R3_4t	T10_11	T12_2	T3_4t	S4t
4月下旬	−5 053.62	−1.771 3	−5.230 5	4.066 7	200.335 5	−223.077 5	134.165 1	3.690 5
时间	constant	R9_11	R12_2	R3_5f	T10_11	T12_2	T3_5f	S5f
5月上旬	−5 390.49	−2.312 5	−4.373 2	3.149 3	208.334 9	−207.957 3	168.657 6	2.725 1
时间	constant	R9_11	R12_2	R3_5s	T10_11	T12_2	T3_5s	S5s
5月中旬	−6 704.48	−2.902 5	2.385 4	−1.684 7	250.580 6	−214.648 7	289.203 7	1.482 0
时间	constant	R9_11	R12_2	R3_5t	T10_11	T12_2	T3_5t	S5t
5月下旬	−6 551.75	−3.776 3	−4.053 7	1.769 7	214.774 7	−263.303 0	188.317 9	2.811 9

注：降水单位为mm，温度单位为℃，日照时数单位为h

2.6.3.4 区域尺度气象模型的应用和验证

将1998年的气象数据分别代入表2-4中的不同时期的气象产量模型，然后加上1998年的趋势产量，得到1998年不同时期的冬小麦预测产量，然后再与1998年的实际统计产量相比，进行模型运行结果的验证。验证大尺度气象模型的结果如表2-5所示。

表2-5　区域尺度气象模型验证结果

Table 2-5　Validation results of agri-meteorological models at regional level in research region

时间	预测气象产量（kg · hm^{-2}）	预测趋势产量（kg · hm^{-2}）	预测产量（kg · hm^{-2}）	实际产量（kg · hm^{-2}）	相对误差（%）	相对误差绝对值（%）
3月下旬	−178.70	5 649.44	5 470.74	5 652.99	−3.22	3.22
4月上旬	−178.36	5 649.44	5 471.08	5 652.99	−3.22	3.22
4月中旬	134.57	5 649.44	5 784.01	5 652.99	2.32	2.32

（续表）

时间	预测气象产量（kg·hm⁻²）	预测趋势产量（kg·hm⁻²）	预测产量（kg·hm⁻²）	实际产量（kg·hm⁻²）	相对误差（%）	相对误差绝对值（%）
4月下旬	−157.06	5 649.44	5 492.38	5 652.99	−2.92	2.92
5月上旬	−11.00	5 649.44	5 638.44	5 652.99	−0.26	0.26
5月中旬	143.16	5 649.44	5 792.60	5 652.99	2.41	2.41
5月下旬	−187.53	5 649.44	5 461.91	5 652.99	−3.50	3.50

可见，从1998年3月下旬至1998年5月下旬，区域尺度研究区气象模型估产的相对误差在−3.50%～2.41%，变幅最大值为5.91%，相对误差绝对值在0.26%～3.50%，变幅最大值为3.24%，其平均相对误差绝对值为2.55%。可见，区域尺度研究区气象估产模型的误差，无论是相对误差，还是相对误差绝对值，其误差值均较小，且变化幅度也较小。因此，区域尺度下研究区气象估产模型的估产不仅精度高，而且误差变化也很稳定，这对估产的业务化运行是有利的。

2.6.4　不同尺度气象估产模型比较分析

由以上章节2.6.2和2.6.3分析可知，分县气象估产模型的相对误差无论是从大小，还是从误差变化的稳定性上看，均比区域尺度研究区整体气象估产模型差，特别是相对误差绝对值间的比较，如图2−21所示，更显示出了大尺度整体气象模型要优于县级气象模型，分县气象估产模型平均相对误差绝对值明显高于整体气象模型的相对误差绝对值。另外，从气象估产业务化运行对于精度和可操作性的特殊要求看，大尺度下研究区气象模型更能满足气象估产业务化运行的要求。这也为运用气象模型进行大范围估产时先分区后估产的运行方式提供了一定的理论基础。

从区域大尺度气象模型和县级气象估产模型的整体走势看，县级尺度模型估产相对误差绝对值从3月下旬至5月下旬均较稳定，大尺度气象估产模型除了5月上旬起伏较大外，其他时间也较稳定。5月上旬研究区冬小麦处于抽穗期，并处于营养生长和生殖生长的并进阶段，此时生长状况决定了冬小麦穗粒数，因此是生长中决定产量的关键期之一。图2-21中5月上旬的估产误差很低，一方面原因是偶然因素造成，另一方面原因可能是研究区内的此时期气候最适合冬小麦生长，而且很大程度决定了后期产量，因此，使得模拟精度较高。但其真正原因还需做进一步验证研究。若第二种原因成立，则可将5月上旬作为研究区内大尺度气象估产模型估产的最佳期。

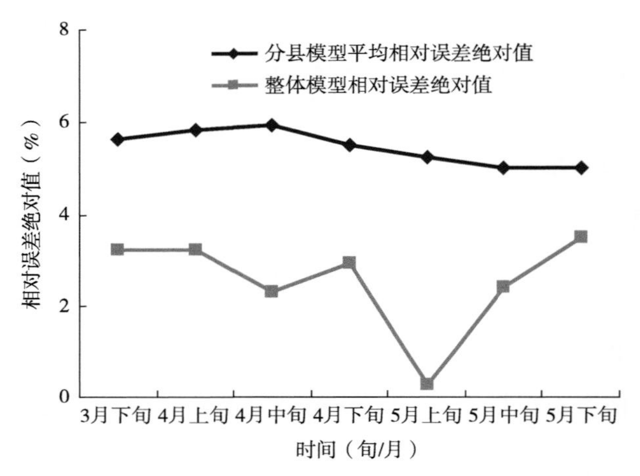

图2-21　区域尺度和县级尺度气象模型估产误差比较

Fig 2-21　Comparison of yield estimation errors between regional scale climate model and county scale climate model

2.7　本章小结

（1）本研究在GIS支持下，利用空间内插方法将气象站点数据转化为气象因素的空间数据，同时通过与耕地信息结合，考虑了耕地部分气象因素对于产量形成的作用，并将县域内耕地部分的温度、降水、日照等气象因素的均值与该县的冬小麦产量建立多元回归模型。这与一般仅利用站点数据和县域冬小麦产量建立关系的做法相比，具有更强的合理性。

（2）在研究区内建立冬小麦气象估产模型中，气象因素的选择主要考虑了温度、降水、日照等主要气象因子对产量形成的累积效应。同时，通过检验县级单点气象模型的精度，其分县估产相对误差在-9.99%～9.87%

变化，相对误差绝对值在0.01%～10.00%变化，平均相对误差绝对值在5.02%～5.91%。而区域尺度下将研究区作为整体进行气象估产的研究结果表明，相对误差在-3.50%～2.41%变化，相对误差绝对值在0.26%～3.50%，平均相对误差绝对值为2.55%。通过将分县气象模型和区域尺度整体气象模型的估产效果进行对比分析，区域尺度整体气象模型的误差均小于县级模型运行的误差，而且模型运行误差稳定性更高，因此，区域尺度整体气象估产模型的建立更适合业务化运行的需要，这为大范围农作物估产业务中基于分区的气象估产模型应用提供了一定理论基础。

（3）从本研究中气象模型产量预测的整体精度动态变化看，气象模型估产除了可以达到较高的精度外，估产精度还具有一定的稳定性。相较于一般遥感估产方法受作物估产关键期影响，只有在估产关键期时才能达到较高的精度，具有较高精度且模型稳定性较强的气象估产方法可以作为大范围遥感估产方法的有益补充。但在进一步大范围应用中，气象估产方法中气象站点数据内插方法选择及其对估产结果精度的影响、膨化因子选择、区域模型标定和基于气象—遥感等多源信息混合模型建立等还需要进一步深入研究。此外，本研究在建立气象模型时未做指标标准化研究，这对于精度的影响情况将有待于进一步研究。同时，形成随机项产量的因素是比较复杂的，除一些可控因素外，还有其他非正常因素，这是难以预料和无法估计的，本研究未考虑随机项产量因素。因此，进一步解决随机项产量运算也是有待于进一步研究的内容。

第3章　基于遥感统计模型的农作物单产估算研究

作物单产信息对一个国家或地区的粮食安全、粮食流通贸易、管理部门决策及碳循环研究等具有至关重要的作用，而利用遥感技术获得作物单产信息最常用的方法就是统计经验模型法。统计经验模型法直接采用光谱植被指数或冠层遥感反演参数与作物单产建立关系，其特点是简单易行，涉及作物产量形成机理较少。在大范围业务化作物估产中，既要保证估产模型具有较高的精度，又要保证模型具有较强的可操作性，特别是在大区域中自然背景数据和某些关键参数不能完全满足获取要求的情况下，遥感估产经验模型尽管有某些局限，但其仍然是一种简便且适合业务化运行的大范围作物单产预测方法（Shanahan et al.，2001；Rasmussen 1997；Ren et al.，2008；Pinter et al.，2003；Bolton和Friedl，2013；Sakamoto et al.，2013；Johnson，2014），其中，遥感经验模型被广泛应用的遥感参数主要包括归一化植被指数（NDVI）、叶面积指数（LAI）等。本章将在遥感技术支持下，以MODIS-NDVI数据和遥感反演的主要生育期内平均叶面积指数为基础，在中国粮食主产区黄淮海平原利用冬小麦关键生育时期NDVI和LAI开展基于统计模型的冬小麦单产估测研究，以期进一步提高作物估产精度。

3.1　基于行政单元统计数据的作物单产估算

植被指数作为一种经济、有效和实用的地表植被和长势参考量，在作物长势监测和产量预报中有着广泛应用（Gao，2000；Buheaosier et al.，2003；Gao et al.，2000；Gitelson & Kaufman，1998；焦险峰等，2005）。归一化植被指数NDVI（Normalized Differential Vegetation Index）除了是反映植被生长状态及植被覆盖度的最佳因子外，还可部分消除与太阳高度角、地形、云/阴影和大气条件有关的辐照度条件变化等的影响，因此，该指数对植被具有较强的响应能力（毕晓丽等，2005；Buheaosier et al.，2003；Gao et al.，2000；Gitelson & Kaufman，1998）。许多研究结果表明（Elvidge & Chen，1995；赵英时，2003），NDVI增强了近红外与红光通道反射率的对比度，它是近红外和红光通道比值的非线性拉伸，其结果增强了低值部分，抑制了高值部分。而且，NDVI的敏感性与植被覆盖度有关，即当植被覆盖度在20%～80%时，NDVI与植被生物量呈良好线性关系，而当植被覆盖度<15%时，NDVI很难准确指示植被生物量；当植被覆盖度>80%时，NDVI又呈现出饱和状态。植被覆盖度在20%～80%，NDVI随植被量呈线性增加。上述原因决定了NDVI指数在大范围植被动态监测中，特别是在作物估产中的重要地位（Dadhwal & Ray，2000；Narasimhan & Chandra，2000；Unganai & Kogan，1998）。因此，本研究将针对归一化植被指数开展冬小麦单产估算研究。

3.1.1　研究区概况

本章研究区位于黄淮海平原石家庄地区、衡水地区和邢台地区共计45个县（市），土地总面积约为3.1万km^2，研究区具体位置如第2章节2.1中图2-1所示。该研究区属于全国冬小麦种植区划内的黄淮冬麦区。针对该区进行冬小麦单产遥感估算研究，对提高我国冬小麦等粮食作物估产精度具有重要意义。研究区内主要作物种植制度为冬小麦—夏玉米一年两熟。其中，冬小麦主要物候期分为出苗期、分蘖期、越冬期、返青期、起身期、拔节期、孕穗期、抽穗期、开花期、乳熟期、蜡熟期和完熟期。研究区内冬小麦生育期从每年的10月上旬至翌年的6月上旬，冬小麦生育期一般为240～250天。研究区内冬小麦主要的物候期及标准见表3-1（唐华俊等，2016）。小麦一生分为3个生育阶段，即生育前期、生育中期和生育后期。生育前期是为出苗期至起身期，此阶段冬小麦以营养生长为主，此期奠定了冬小麦的穗数多少；生育中期为起身期至开花期，此期内营养生长和生殖生长并进，即营养器官建成与生殖器官逐步形成，此期决定了冬小麦穗粒数；生育后期指开花期到成熟期，此期以生殖生长为主，是籽实形成与成熟的过程，此期决定了冬小麦的粒重大小。

表3-1　研究区内冬小麦主要物候期

Table 3-1　Main phenological phases of winter wheat in research region

序号	物候期	日期	标准
1	出苗期	10月中旬	第一叶伸出地面2～3cm
2	分蘖期	11月上旬	第一分蘖露出叶鞘0.5～1cm
3	越冬期	12月上旬	日平均气温降至0℃，麦苗停止生长，处于休眠状态
4	返青期	3月上旬	植株转绿，年后新叶长出0.5～1.0cm
5	起身期	3月下旬	苗由匍匐转直立（二棱期）
6	拔节期	4月中旬	茎基部节间伸出地面1.5～2cm
7	孕穗期	4月下旬	旗叶全部抽出叶鞘（50%株）
8	抽穗期	4月下旬至5月上旬	麦穗第1小穗露出旗叶鞘
9	开花期	5月上中旬	麦穗中部小穗开花
10	乳熟期	5月中旬	籽粒体积定型，黄绿色，粒内乳状液
11	蜡熟期	6月上旬	粒蜡状，粒色近正常，腹沟尚带绿色
12	完熟期	6月上中旬	粒变硬，捏不变形，色泽正常，植株变黄
13	收获期	6月中旬	实际收获日期

3.1.2　主要研究方法

由于NDVI的饱和局限性，本研究选取0.1～0.8范围内的MODIS-NDVI，从而建立NDVI与冬小麦产量的关系。同时，由于所用MODIS-NDVI分辨率为250m，因此，本研究主要是建立冬小麦产量形成关键物候期的NDVI与冬小麦单产的关系，然后利用上述关系对冬小麦进行单产估计。而且冬小麦的产量数据是以县为基本单位的统计数据。进行研究时将求取各县内的0.1～0.8的NDVI均值，然后建立与县域内冬小麦单产的关系。由于研究区内的水热条件、冬小麦物候期和耕作制度的原因，该研究区内与冬小麦进行间作或套种的作物很少，而且由于MODIS的分辨率较高（250m），因此，使单纯研究冬小麦的NDVI成为可能。采用的方法是将MODIS-NDVI图与耕地图叠加，然后求取县域内0.1～0.8范围的冬小麦NDVI均值，再建立与冬小麦单产的关系。最后对预测结果进行精度验证。具体研究技术路线见图3-1。

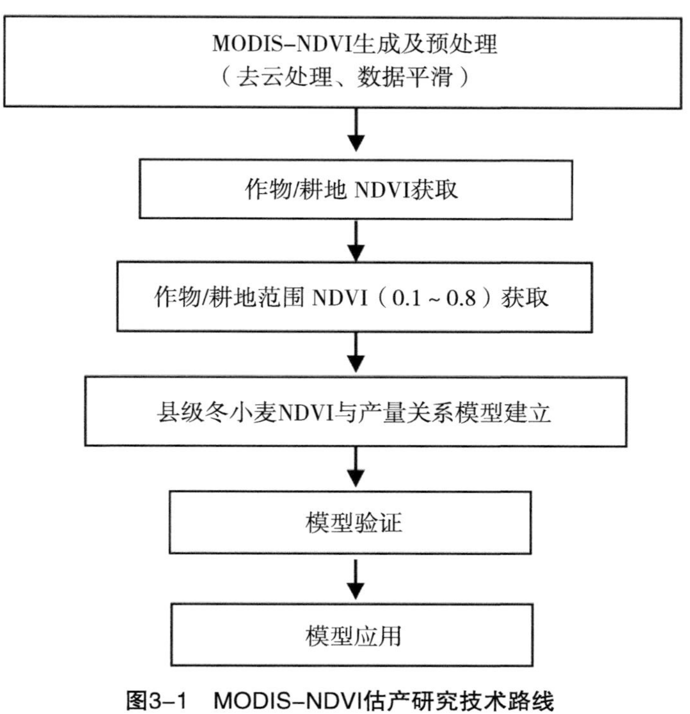

图3-1　MODIS-NDVI估产研究技术路线

Fig. 3-1　Flowchart of research

3.1.3 数据准备与处理

3.1.3.1 MODIS-NDVI数据的准备

本研究所用的建模数据主要采用美国EOS/MODIS数据生成的旬NDVI数据、月NDVI数据和作物产量数据。且MODIS原始数据来自中国农业科学院农业资源与农业区划研究所卫星接收系统存档数据，数据的预处理工作包括1B数据的生成、定标定位、投影变换、几何采样和重采样等处理工作。其中2003年3月上旬至6月上旬的旬MODIS-NDVI数据和月NDVI数据，2003年以县为单位的冬小麦产量统计数据，用来建立遥感估产模型。而2004年3月至2004年6月的旬MODIS-NDVI和月NDVI数据来应用和验证所建估产模型，2004年冬小麦国家统计数据作为验证所建模型的估产效果。MODIS-NDVI数据的分辨率是250m，其计算公式为：

$$\mathrm{NDVI}=\frac{R_n-R_r}{R_n+R_r}$$

其中，R_n是近红外波段的反射率，R_r是红光波段的反射率。为了减少云的干扰，采用最大值合成法（MVC）将日NDVI数据合成旬和月NDVI数据（Huete & Liu，1994）。而且处理数据时将大于0的NDVI扩大100倍，因此NDVI的值在0～100。且用255代表云，254代表水。对于小于0的NDVI均假设为0，因为此时地表无植被覆盖或是裸地。

3.1.3.2 Savitzky-Golay滤波平滑NDVI时序数据

由于日NDVI合成的10天（旬）NDVI数据内还可能存在云的干扰或其他原因造成数据缺失，因此，本研究利用Savitzky-Golay滤波平滑工具对MODIS-NDVI的旬时间序列数据进行了平滑去噪处理，从而有效地去除多时相NDVI遥感数据中由于云、气溶胶等大气影响造成的噪声，最终获取较高质量的NDVI时序数据（Savitzky & Golay，1964；Chen et al.，2004）。图3-2所示为本研究中一年36旬NDVI数据序列的平滑效果，其中，楔状凸起值表示数据平滑前的云值（255）。可见Savitzky-Golay滤波平滑可有效去除云对NDVI的影响。

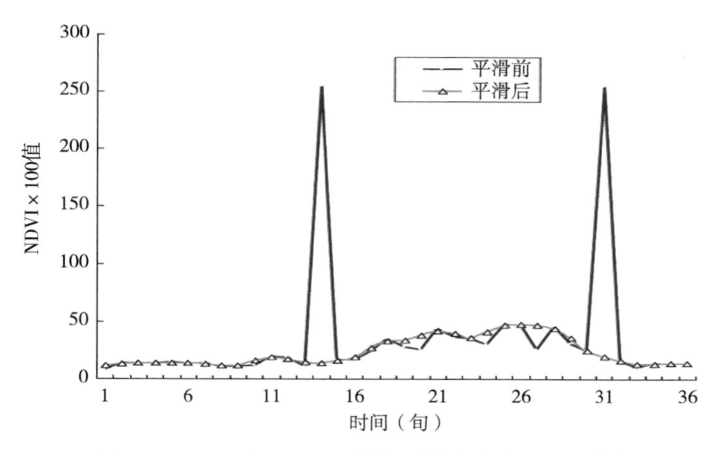

图3-2 Savitzky-Golay滤波平滑冬小麦NDVI效果

Fig. 3-2 Contrast between original and smoothed multi-temporal NDVI data profile

3.1.4 结果与分析

3.1.4.1 冬小麦主要生育期平均NDVI与小麦单产关系模型的建立

由于冬小麦最终产量是各个生育期生长状况综合作用的结果，因此，可以建立各个生育期的生长状况和冬小麦产量的关系。由于NDVI与作物产量间的相关关系，根据黄淮海冬麦区气候特点和冬小麦物候特点，选择使用3月上旬至6月上旬的旬NDVI数据，并建立了各个区域所有耕地部分NDVI（0.1～0.8）均值与冬小麦产量的线性关系。采用的线性回归方程的形式为：

$$y = a + b \times \overline{\text{NDVI}}$$

其中，y为冬小麦单产；$\overline{\text{NDVI}}$为区域内0.1～0.8范围内所有耕地像元内的均值；a，b为回归常数。

表3-2所示为冬小麦单产与各生育期内NDVI均值间的统计模型及相关特征参数（样本量和决定系数R^2）。图3-3至图3-18为研究区内冬小麦各生育期NDVI均值与小麦单产间散点图。

表3-2 各生育期内平均NDVI与冬小麦单产的统计模型

Table 3-2 Statistical relationship between average of NDVI and production of winter wheat

y（×1 000kg）	x（0.1～0.8 NDVI均值）Average of NDVI（0.1～0.8）	模型 Models	N（样本数）（Samples）	R^2
冬小麦产量 Yield of winter wheat	3月上旬平均NDVI	y=0.108 7x+4.005 6	45	0.018 9
	3月中旬平均NDVI	y=0.266 1x+1.020 2	45	0.304 3
	3月下旬平均NDV	y=0.141 7x+2.368 4	45	0.434 9
	4月上旬平均NDVI	y=0.094 2x+2.749 1	45	0.626 5
	4月中旬平均NDVI	y=0.076 1x+2.905 9	45	0.670 4
	4月下旬平均NDVI	y=0.071 3x+2.989 5	45	0.645 0
	5月上旬平均NDVI	y=0.069 3x+3.174 2	45	0.572 1
	5月中旬平均NDVI	y=0.084 6x+3.019 2	45	0.566 3
	5月下旬平均NDVI	y=0.132 4x+2.014 9	45	0.564 7
	6月上旬平均NDVI	y=0.096 2x+2.852 3	45	0.176 6
	3月平均NDVI	y=0.162 3x+1.883 5	45	0.616 2
	4月平均NDVI	y=0.074 3x+2.794	45	0.645 1
	Yield of winter wheat	y=0.076 9x+2.831 9	45	0.612 0
	3—4月平均NDVI	y=0.104 8x+2.42	45	0.654 3
	4—5月平均NDVI	y=0.076 3x+2.784 8	45	0.635 2
	3—5月平均NDVI	y=0.095x+2.540 9	45	0.647 1

表3-2中冬小麦收获前的生育期NDVI均值与小麦产量关系模型对于收获前提早预测冬小麦产量是非常重要的，特别是农业管理部门动态监测冬小麦随长势变化其产量的变化具有重要意义。且从各个时期冬小麦NDVI与产量关系的样本数和决定系数看，除3月上旬和6月上旬外，3月中旬至5月下旬时间范围内各个生育期的NDVI均值与产量间均具有较好的线性关系。其原因主要是3月上旬研究区内的冬小麦刚刚进入返青阶段，小麦植株矮小，长势不均匀，甚至部分地区地表有裸露现象，因此导致部分冬小麦NDVI

偏小，且研究区内NDVI差异较大。6月上旬研究区内部分冬小麦进入成熟阶段，NDVI开始减小。因此，导致3月上旬和6月上旬NDVI与冬小麦产量间线性关系不明显。而月NDVI与冬小麦产量间的线性关系均比较显著。因此，为了得到准确冬小麦估测产量，实际估产时，对这两个时期可以不予应用。

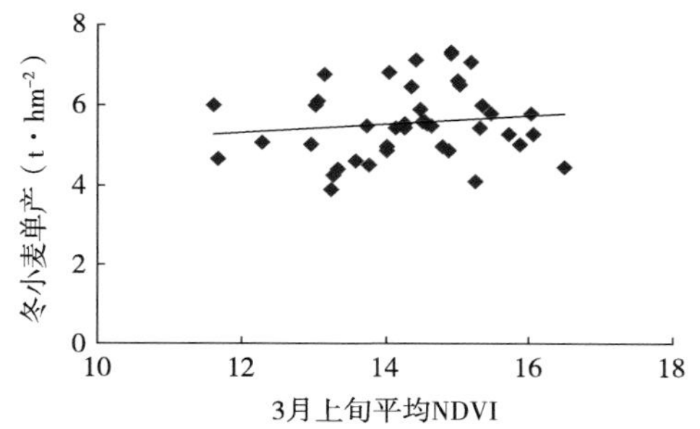

图3-3 3月上旬平均NDVI与冬小麦单产关系

Fig. 3-3 Relationship between average NDVI and winter wheat yield in period of first 10-day of March

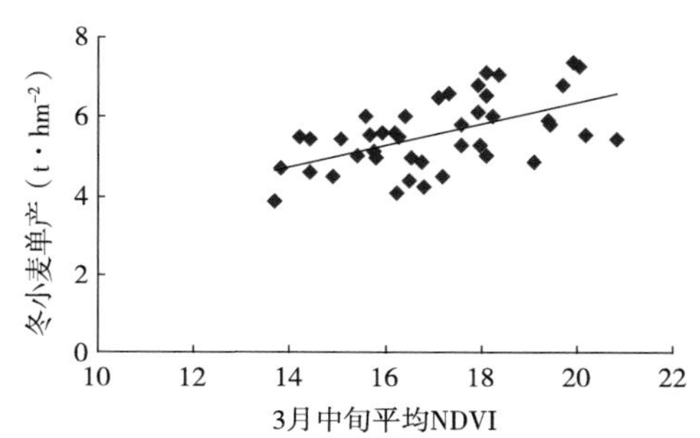

图3-4 3月中旬平均NDVI与冬小麦单产关系

Fig. 3-4 Relationship between average NDVI and winter wheat yield in period of middle 10-day of March

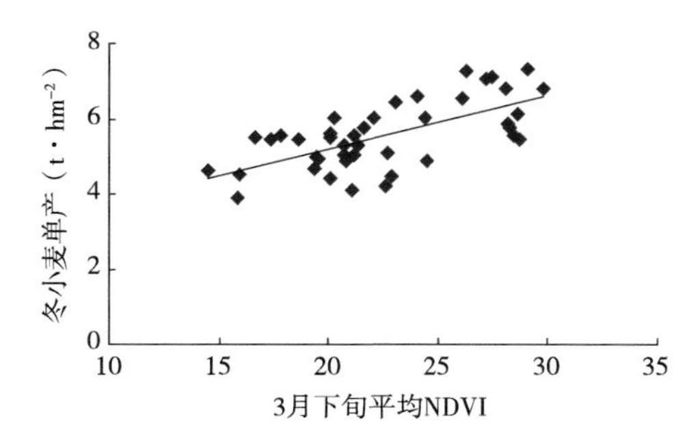

图3-5 3月下旬平均NDVI与冬小麦单产关系

Fig. 3-5 Relationship between average NDVI and winter wheat yield in period of last 10-day of March

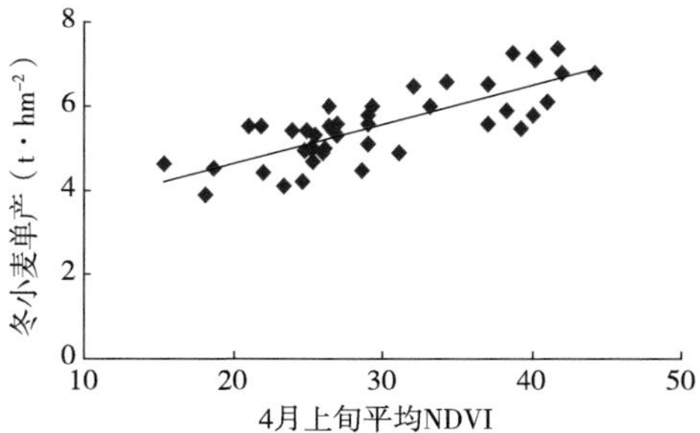

图3-6 4月上旬平均NDVI与冬小麦单产关系

Fig. 3-6 Relationship between average NDVI and winter wheat yield in period of first 10-day of April

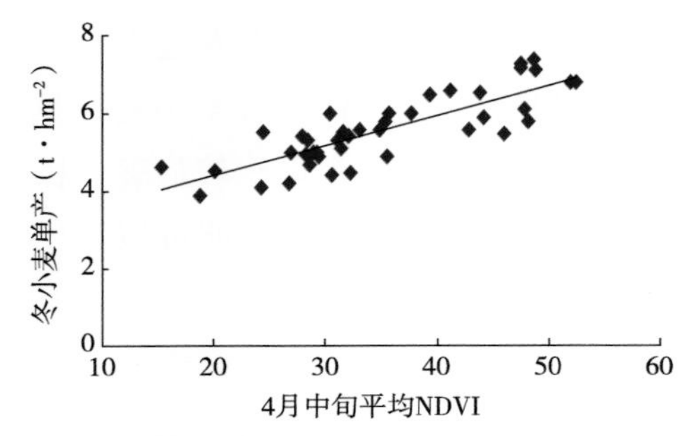

图3-7　4月中旬平均NDVI与冬小麦单产关系

Fig. 3-7　Relationship between average NDVI and winter wheat yield in period of middle 10-day of April

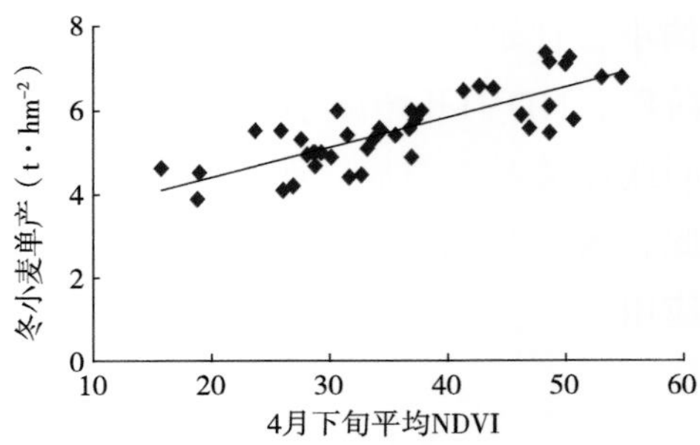

图3-8　4月下旬平均NDVI与冬小麦单产关系

Fig. 3-8　Relationship between average NDVI and winter wheat yield in period of last 10-day of April

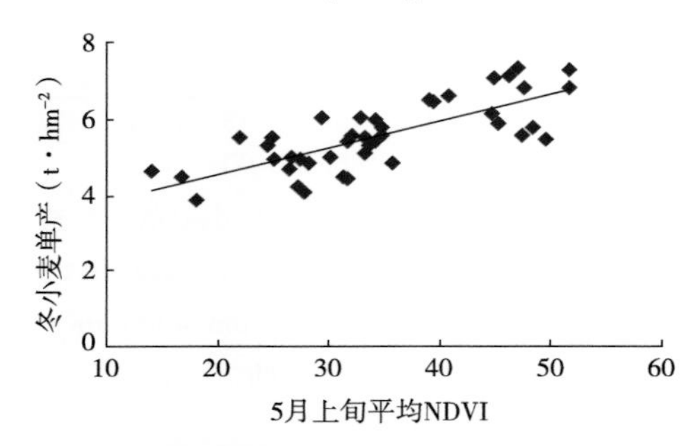

图3-9　5月上旬平均NDVI与冬小麦单产关系

Fig. 3-9　Relationship between average NDVI and winter wheat yield in period of first 10-day of May

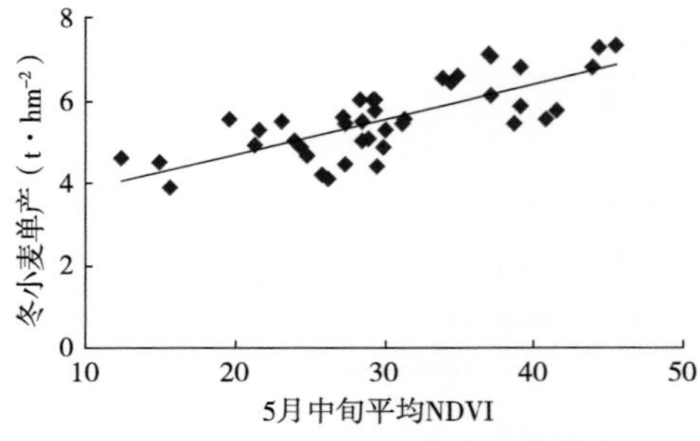

图3-10　5月中旬平均NDVI与冬小麦单产关系

Fig. 3-10　Relationship between average NDVI and winter wheat yield in period of middle 10-day of May

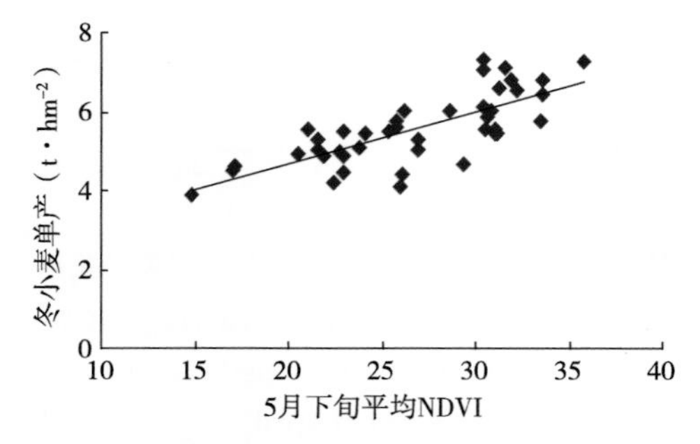

图3-11　5月下旬平均NDVI与冬小麦单产关系

Fig. 3-11　Relationship between average NDVI and winter wheat yield in period of last 10-day of May

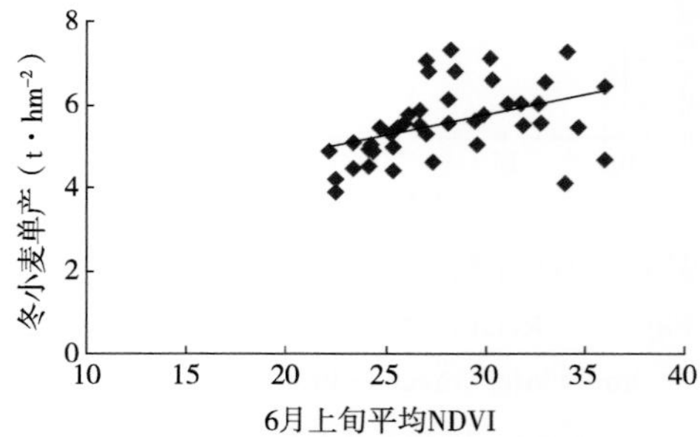

图3-12　6月上旬平均NDVI与冬小麦单产关系

Fig. 3-12　Relationship between average NDVI and winter wheat yield in period of first 10-day of June

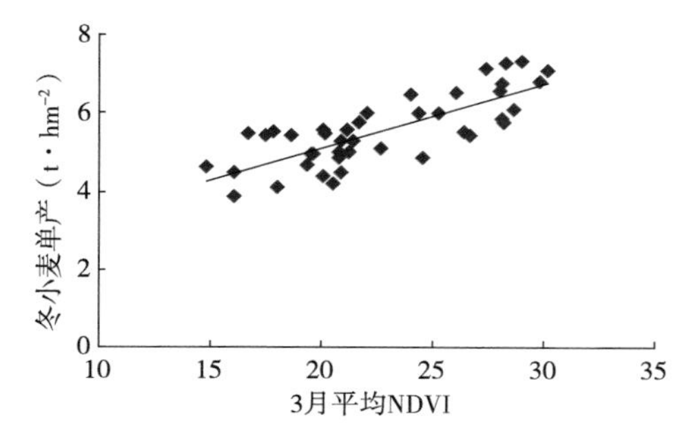

图3-13　3月平均NDVI与冬小麦单产关系

Fig. 3-13　Relationship between average NDVI and winter wheat yield in March

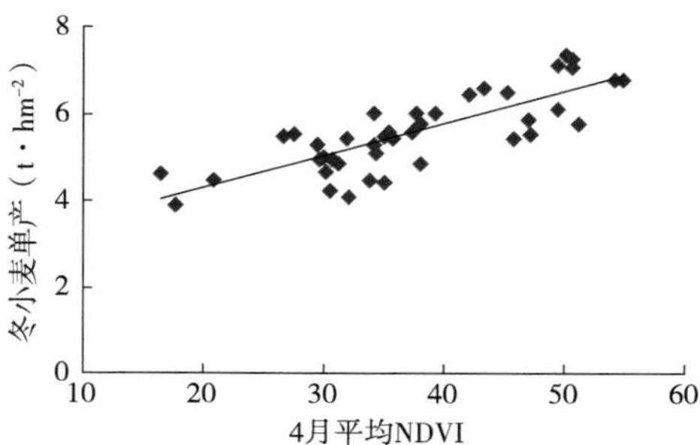

图3-14　4月平均NDVI与冬小麦单产关系

Fig. 3-14　Relationship between average NDVI and winter wheat yield in April

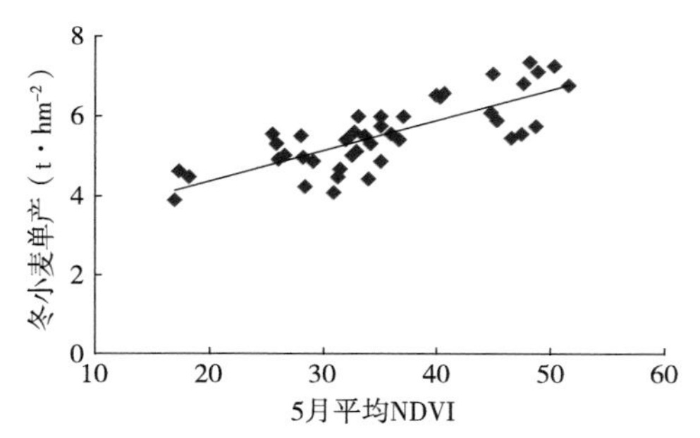

图3-15　5月平均NDVI与冬小麦单产关系

Fig. 3-15　Relationship between average NDVI and winter wheat yield in May

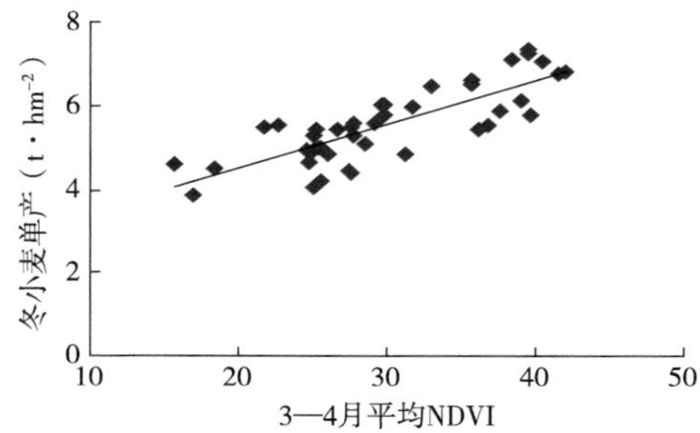

图3-16　3—4月平均NDVI与冬小麦单产关系

Fig. 3-16　Relationship between average NDVI and winter wheat yield from March to April

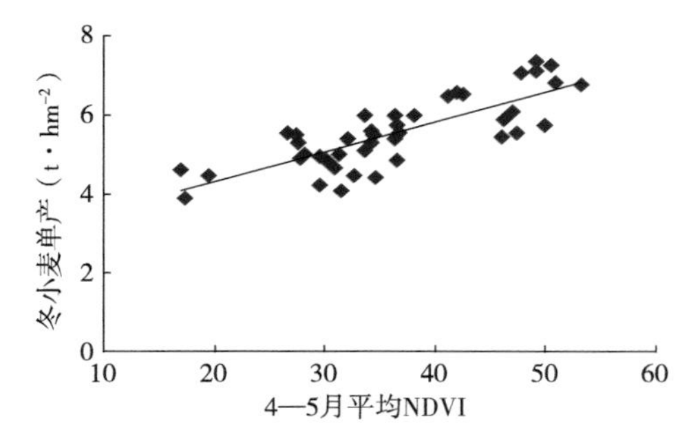

图3-17　4—5月平均NDVI与冬小麦单产关系

Fig. 3-17　Relationship between average NDVI and winter wheat yield from April to May

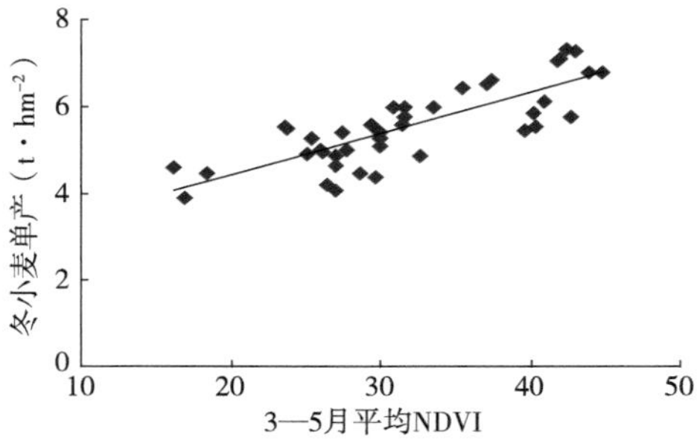

图3-18　3—5月平均NDVI与冬小麦单产关系

Fig. 3-18　Relationship between average NDVI and winter wheat yield from March to May

3.1.4.2　不同生育期冬小麦NDVI与产量间关系模拟程度变化分析

如上所述，各个生育期的NDVI均值与产量间具有较好的线性关系。但是，从不同时期冬小麦月平均NDVI与单产间模拟程度变化看，利用月NDVI预测产量的决定系数均较高（3—5月），变化较小且稳定，而且大多比所在月的各旬模拟产量的决定系数高。而且综合考虑的月份越多，决定系数越高，模拟产量效果越好，如考虑3—4月的NDVI模拟产量决定系数比单纯3月NDVI模拟产量的决定系数略高，利用5月NDVI、4—5月NDVI及3—5月NDVI来模拟产量的决定系数依次增高。

从利用旬NDVI模拟产量看，4月上旬开始，NDVI模拟产量其线性关系越来越显著，到4月中旬至5月中下旬相关性达到最好，然后线性相关性逐步下降，到6月上旬相关性急剧降低，如图3-19所示。

可见，各个生育期的NDVI预测冬小麦产量，其模拟精度是随长势变化而变化的。而且当冬小麦进入生育关键期时，其模拟精度达到最高、最稳定。这也充分说明了冬小麦估产关键期选择的重要性。

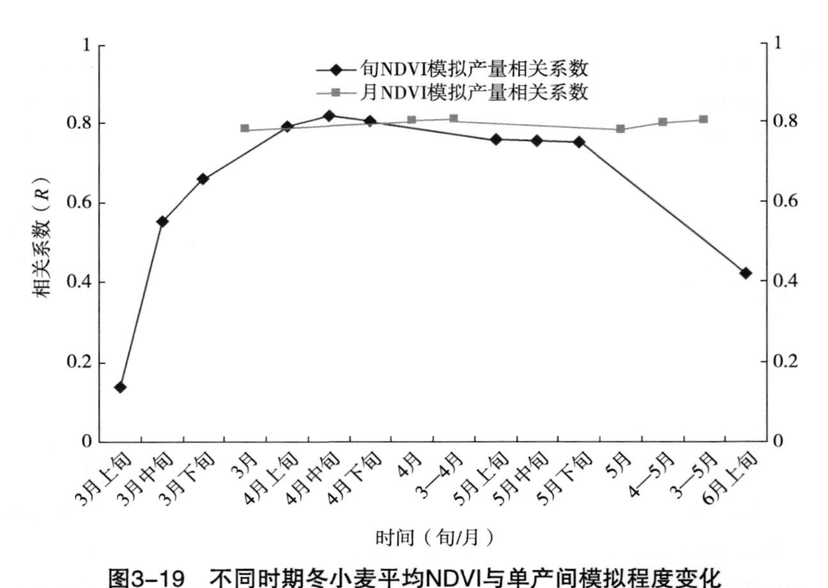

图3-19　不同时期冬小麦平均NDVI与单产间模拟程度变化

Fig. 3-19　Change of correlation coefficient between NDVI and yield of winter wheat in different period

3.1.4.3　不同生育期冬小麦NDVI与产量间关系的应用与验证

为了更好地检验旬NDVI和月NDVI与产量间估产模型的效果，将2004年3—5月旬NDVI和月NDVI分别代入上述旬和月NDVI与产量的线性关系。然后分别将各个统计模型的冬小麦预测产量结果和各县实际统计的冬小麦产量结果进行对比，分别作为直角坐标的横轴和纵轴。然后通过斜率和截距判断估产效果，斜率越接近1，截距越小越好，否则，说明估产效果较差。旬NDVI和月NDVI与产量间关系的估产检验结果如图3-20至图3-33所示。可见，3月中旬预测结果较差，从3月下旬开始估产精度持续提高，一直到5月上旬，然后估产效果开始下降，5月下旬降到最低。同时，从图3-20至图3-33可以看出，利用月NDVI进行估产的总体效果比利用旬NDVI估产效果更加准确，而且更加稳定。

从估产的相对误差分析看（图3-34），利用旬NDVI估产的相对误差波段较大，而且随时间先后变化，相对误差呈现倒“U”形分布，即4月中旬至5月上旬相对误差较高，相对误差小于5%，5月上旬相对误差达到最小，相对误差小于2%。而利用月NDVI估测产量，相对误差均较小，除3月NDVI外，其他月份均小于5%。可见，利用4—5月NDVI估测产量不仅相对准确，而且观测结果相对稳定。同时，尽可能综合考虑关键月份NDVI，以增加估产结果的准确性和稳定性。若利用旬NDVI估产，则应注重估产关键期的选择。从上述分析知，利用旬NDVI估产时，4月中旬至5月上旬为估产关键期。

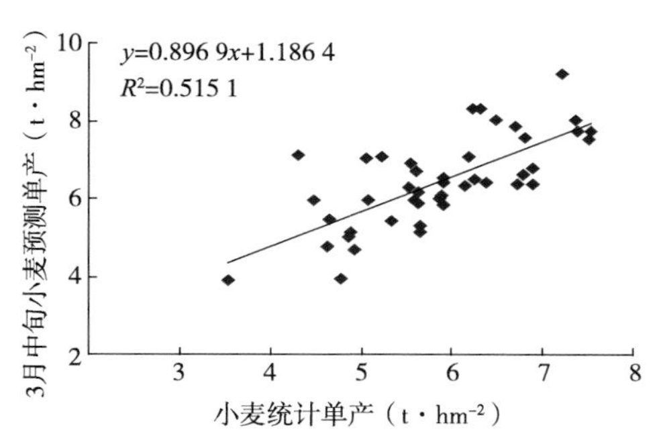

图3-20　3月中旬NDVI预测小麦产量验证

Fig. 3-20　Validation result of predicted yield using NDVI of middle 10-day of March

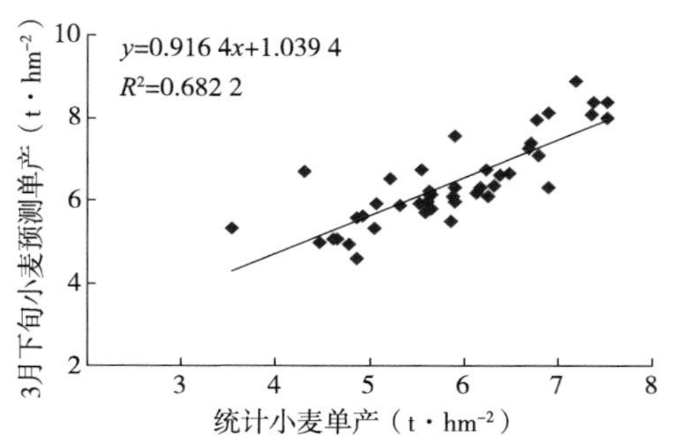

图3-21　3月下旬NDVI预测小麦产量验证

Fig. 3-21　Validation result of predicted yield using NDVI of last 10-day of March

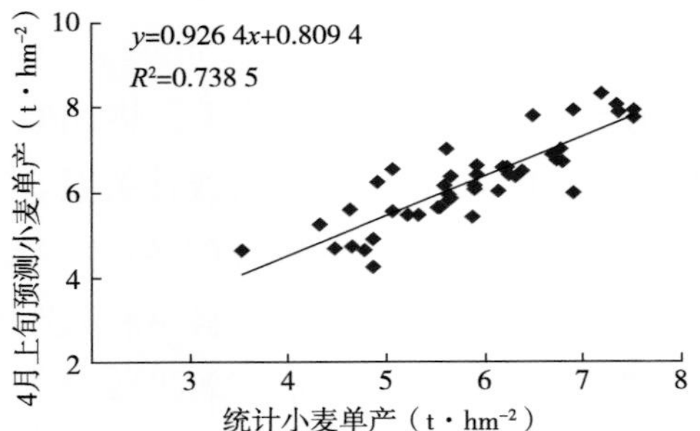

图3-22　4月上旬NDVI预测小麦产量验证

Fig. 3-22　Validation result of predicted yield using NDVI of first 10-day of April

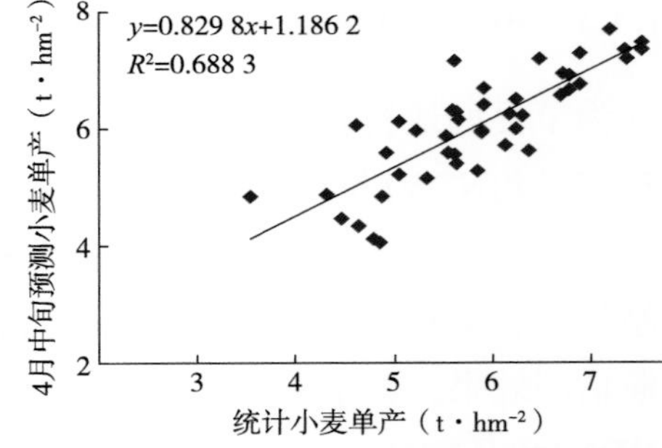

图3-23　4月中旬NDVI预测小麦产量验证

Fig. 3-23　Validation result of predicted yield using NDVI of middle 10-day of April

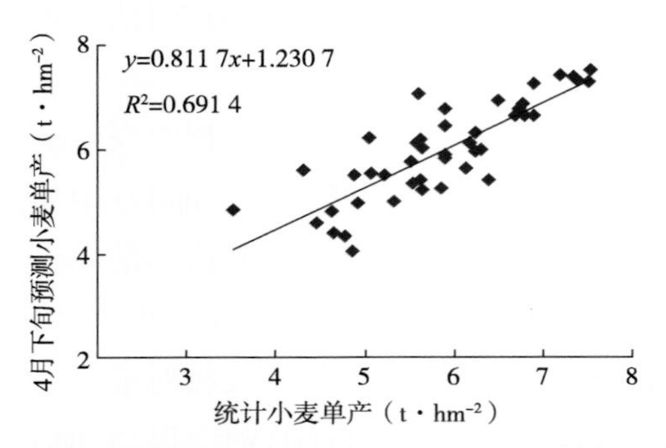

图3-24　4月下旬NDVI预测小麦产量验证

Fig. 3-24　Validation result of predicted yield using NDVI of last 10-day of April

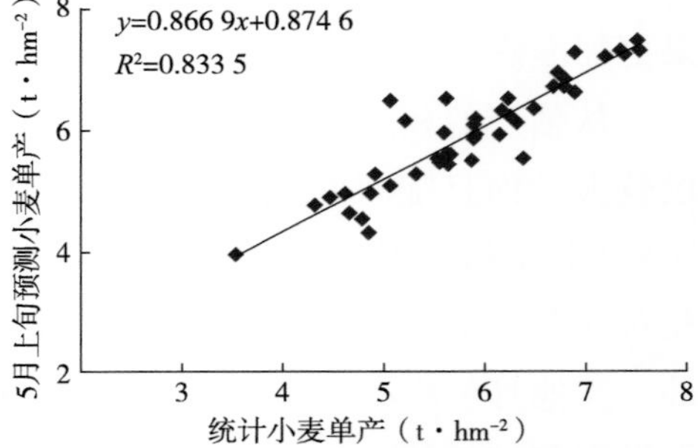

图3-25　5月上旬NDVI预测小麦产量验证

Fig. 3-25　Validation result of predicted yield using NDVI of first 10-day of May

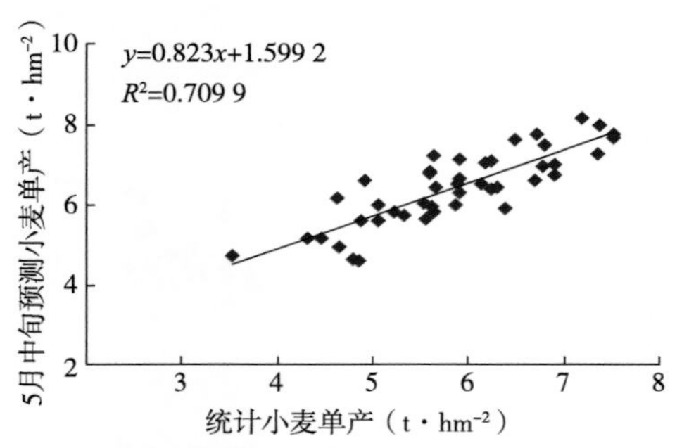

图3-26　5月中旬NDVI预测小麦产量验证

Fig. 3-26　Validation result of predicted yield using NDVI of middle 10-day of May

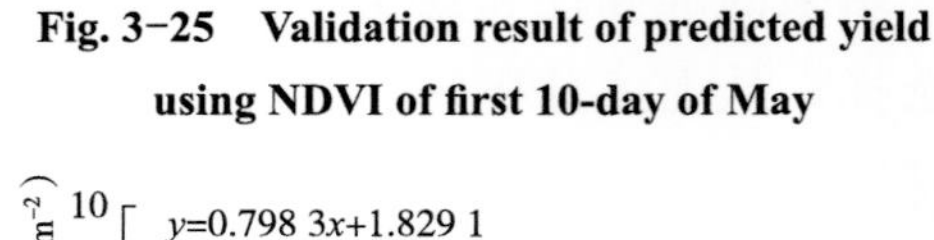

图3-27　5月下旬NDVI预测小麦产量验证

Fig. 3-27　Validation result of predicted yield using NDVI of last 10-day of May

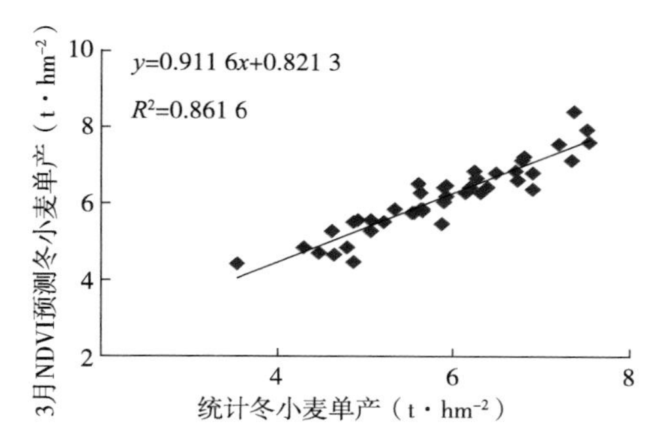

图3-28　3月NDVI预测小麦产量验证

Fig. 3-28　Validation result of predicted yield using NDVI of March

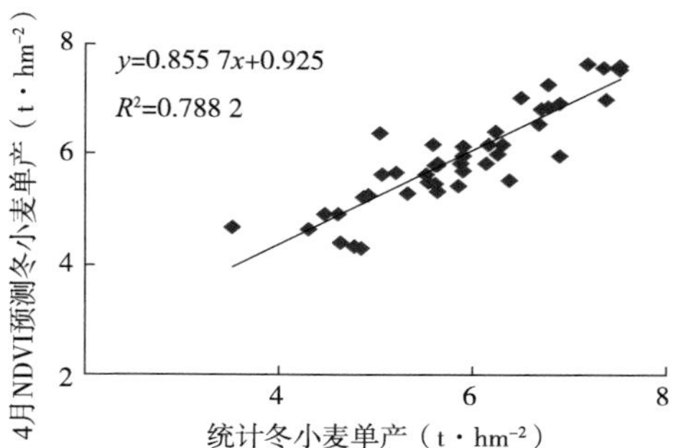

图3-29　4月NDVI预测小麦产量验证

Fig. 3-29　Validation result of predicted yield using NDVI of April

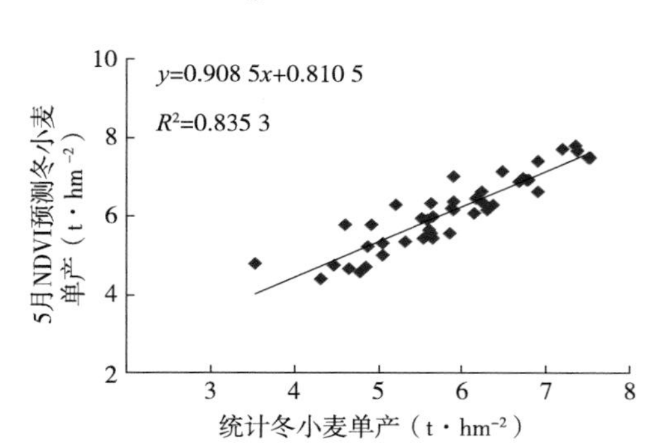

图3-30　5月NDVI预测小麦产量验证

Fig. 3-30　Validation result of predicted yield using NDVI of May

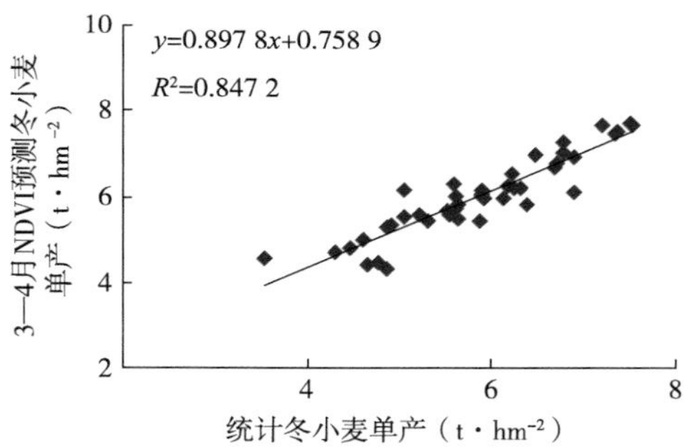

图3-31　3—4月NDVI预测小麦产量验证

Fig. 3-31　Validation result of predicted yield using NDVI from March to April

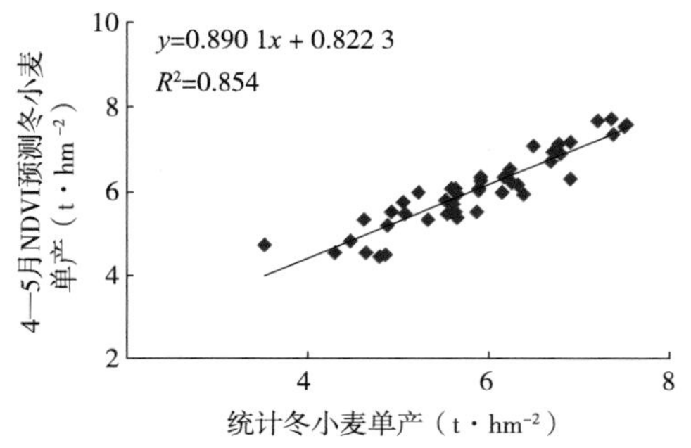

图3-32　4—5月NDVI预测小麦产量验证

Fig. 3-32　Validation result of predicted yield using NDVI from April to May

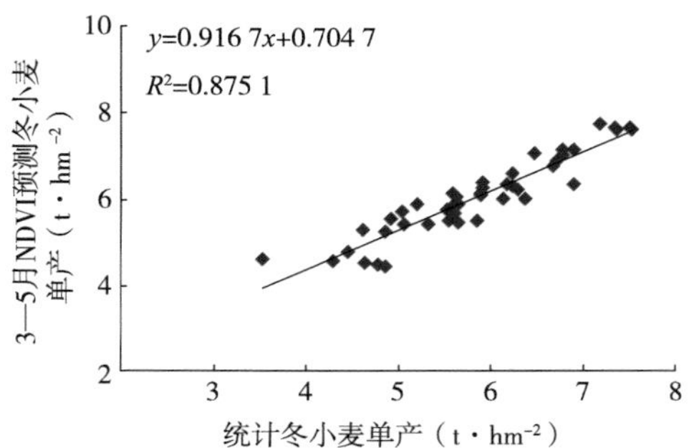

图3-33　3—5月NDVI预测小麦产量验证

Fig. 3-33　Validation result of predicted yield using NDVI from March to May

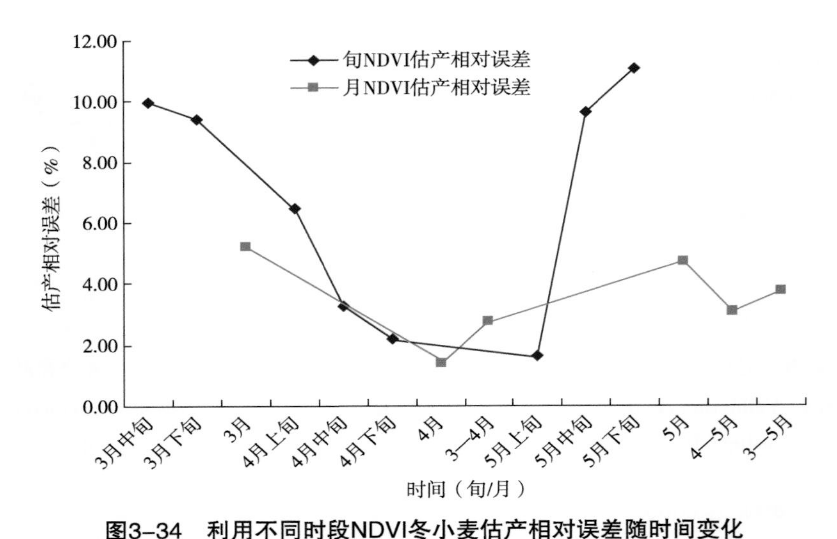

图3-34 利用不同时段NDVI冬小麦估产相对误差随时间变化

Fig. 3-34 Dynamic changes of relative errors using NDVI in different period time

3.2 基于实测单产数据的区域作物单产估算

3.2.1 研究区概况

本章节的研究区为黄淮海地区江苏省。该省位于长江、淮河下游，位置介于北纬30°45' ~ 35°20'，东经116°18' ~ 121°57'，地形以平原为主，气候属于温带向亚热带的过渡性气候，气候温和，四季气候分明。省内种植的粮食作物以水稻、小麦、玉米等作物为主。根据江苏省冬小麦物候历，淮北地区冬小麦播种时间一般在10月中下旬，分蘖期从11月上旬开始，越冬期从翌年1月上旬开始，返青期在2月下旬开始，拔节期在3月上中旬开始，抽穗期自5月上旬开始，成熟期在5月下旬至6月上旬；淮南地区冬小麦无越冬期，播种在11月中下旬，分蘖期从12月上旬至翌年2月下旬，拔节期从3月上中旬开始，抽穗期从4月中旬开始，5月中旬乳熟阶段，成熟期在5月下旬；江苏省玉米主要分为徐淮玉米种植区、苏中/南玉米种植区、苏东局部玉米种植区、沿海玉米种植区等。其中徐州、盐城和南通等3个主产市的面积和总产均占全省总面积和总产的65%～70%。根据江苏省玉米物候历，夏玉米播种期在6月中旬至6月下旬，苗期在6月下旬至7月中旬，拔节期在7月中旬至8月上旬，抽雄期在8月上旬至8月中旬，灌浆乳熟期在8月中旬至9月中旬，成熟期为9月中旬至10月中旬。

3.2.2 主要方法与过程

为了充分利用地面实测点数据，本研究通过建立地面实测点单产数据与相应遥感指标（如NDVI、LAI等）间的线性关系来预测农作物的单产。为了减少误差，从遥感影像统计与地面实测单产点相应遥感指标时，通常统计地面单产实测点500m缓冲区内的遥感指标均值，作为相应地面实测点的遥感数据。具体技术路线如图3-35所示。

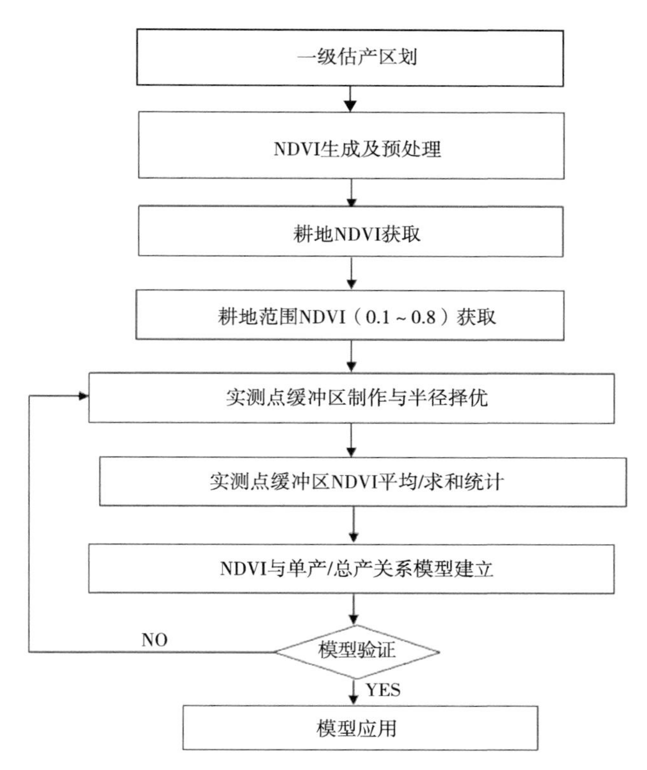

图3-35 基于地面实测产量数据的遥感估产技术路线

3.2.2.1 数据准备与处理

首先，将MODIS NDVI下载，得到无云img格式NDVI；将NDVI的img格式转化为GRD格式；耕地信息或作物分布信息与NDVI的grd作mask处理，得到耕地或作物NDVI图；将实测点数据空间位置在Arcgis作缓冲区，缓冲区大小需择优研究确定；统计实测点缓冲区内耕地或作物NDVI均值；将各县NDVI均值和相应年份单产建立链接关系，得到NDVI与产量列表。

3.2.2.2 遥感模型的建立与精度验证

在Excel中将作物关键期内缓冲区旬或月NDVI与实测点单产进行关系研究，得到各个生育期单产预测模型，一般为线性模型即可，$Y=aX+b$。

3.2.2.3 遥感模型的精度验证与模型应用

将模型代进NDVI数据，得到预测作物单产，然后与预留的单产数据对比，得到各个模型精度。模型验证基础上，利用精度较高模型进行单产预测，代入经过预处理的最新相应NDVI栅格图，得到空间作物单产分布。并进行各县单产均值统计。然后，进行连续两年单产预测，得到县级单产变化。最后，按照各县产量权重，将单产变化加权平均，得到区域单产变化。

3.2.3 结果与分析

图3-36是江苏省研究区地面实测数据与作物遥感指数间动态关系。图3-37是2009年江苏省冬小麦、夏玉米遥感估产结果。通过与地面实测数据对比可知，江苏省利用地面实测数据遥感估产，8月中旬玉米估产平均相对误差为4.12%，8月下旬估产相对误差为4.92%（图3-38）。

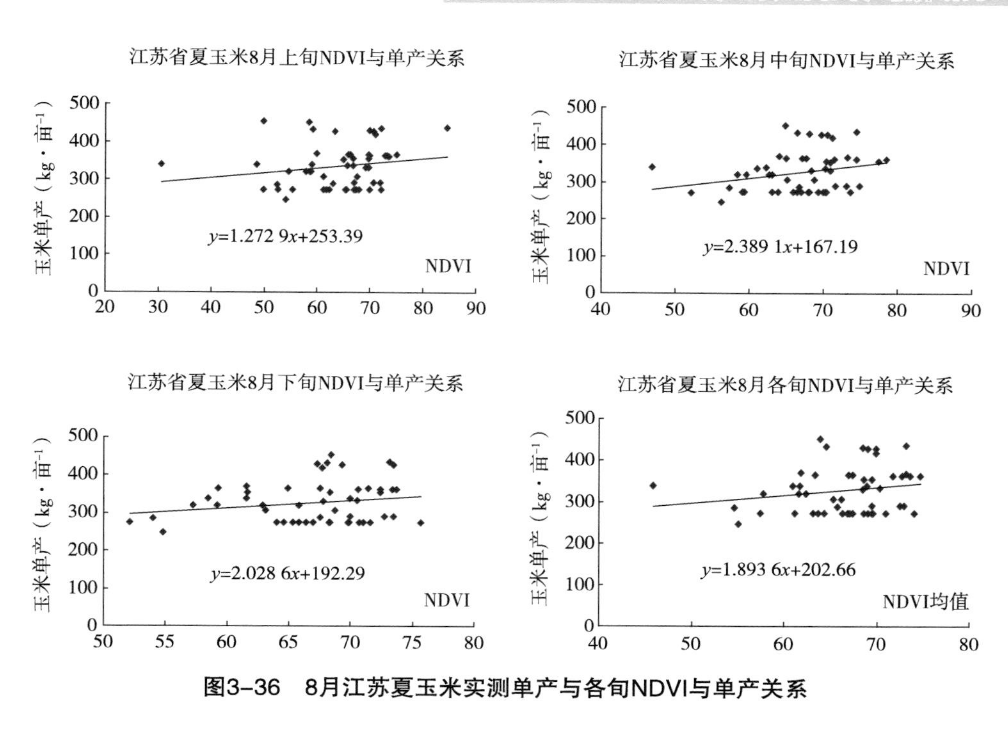

图3-36 8月江苏夏玉米实测单产与各旬NDVI与单产关系

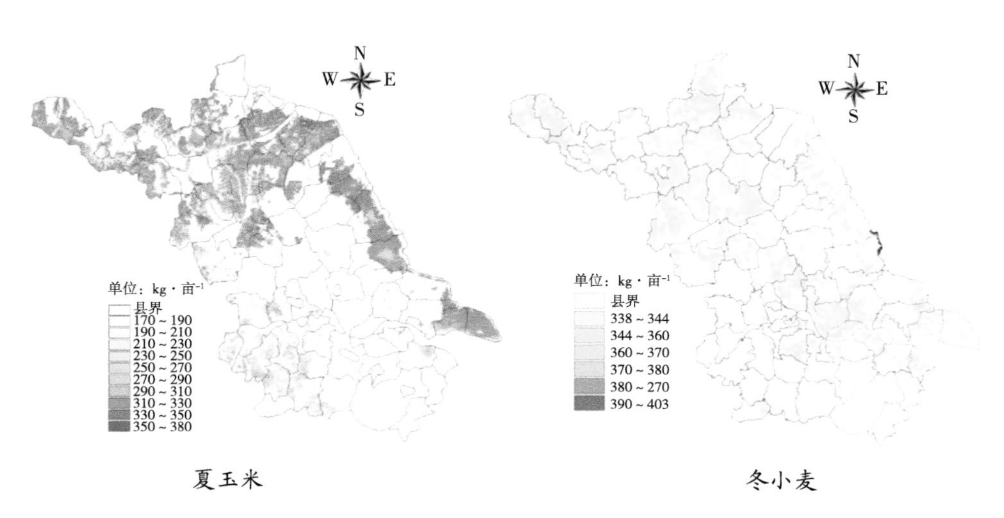

图3-37 江苏省作物单产遥感估算结果（2009年）

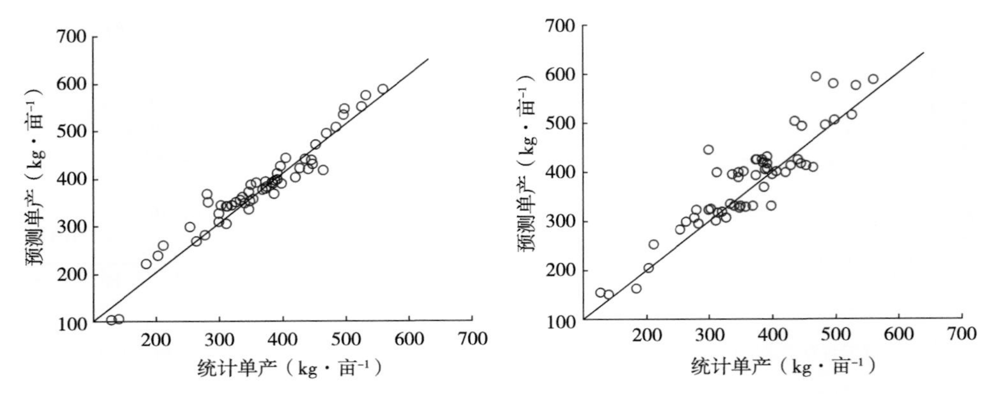

图3-38　夏玉米估产结果精度（左图：8月中旬；右图：8月下旬）

3.3　基于叶面积指数反演的区域作物单产估算

研究表明，作物叶面积指数（LAI）是反映作物长势与预报作物产量的重要农学参数，与作物单产具有稳定的相关关系（Baez-Gonzalez et al., 2005；赵英时，2003），该指数不仅可以反映作物生长发育的动态特征和健康状况，而且与许多生态过程直接相关，如作物冠层光量截取、蒸腾作用、光合作用和呼吸作用等。但目前基于作物叶面积指数进行作物单产预测大多是基于主要生育时期单一时间点的叶面积指数，而未考虑主要生育时期整个时段内的叶面积指数，这在一定程度上影响了作物估产精度的提高（Ferencz et al., 2004；Baez-Gonzalez et al., 2005；赵英时，2003）。因此，本研究在遥感技术支持下，以冬小麦主要生育期内平均叶面积指数遥感反演为基础，在中国粮食主产区黄淮海平原利用冬小麦关键生育时期平均叶面积指数开展冬小麦单产预测研究，以期进一步提高作物估产精度。

3.3.1　研究区概况

本研究区域（37.09°～38.36°N，115.19°～116.53°E）位于中国北方粮食生产基地黄淮海平原区的河北省衡水市11个县（市），覆盖面积8 815km^2（图3-39）。该区属温带半湿润季风气候，≥0℃年积温4 200～5 500℃，年累积辐射量$5.0\times10^{6}\sim5.2\times10^{6}kJ\cdot m^{-2}$，无霜期170～220天，年均降水量500～900mm。主要粮食作物为冬小麦、夏玉米，一年两熟轮作制度。研究区冬小麦种植时间为9月下旬至10月上旬，返青时间为翌年3月上旬至3月中旬，起身期为3月下旬，拔节期为4月上旬至4月中旬，孕穗期为4月下旬，抽穗期为5月上旬，开花期为5月中旬，乳熟期为5月下旬至6月上旬，成熟期为6月中旬。本研究在2004年、2007年和2008年分别在冬小麦返青期、起身期、拔节期、孕穗期、抽穗期、开花期、乳熟期进行冬小麦叶面积指数调查和成熟期最终单产调查，地面实测冬小麦叶面积指数和单产调查样点累计117个（图3-39）。

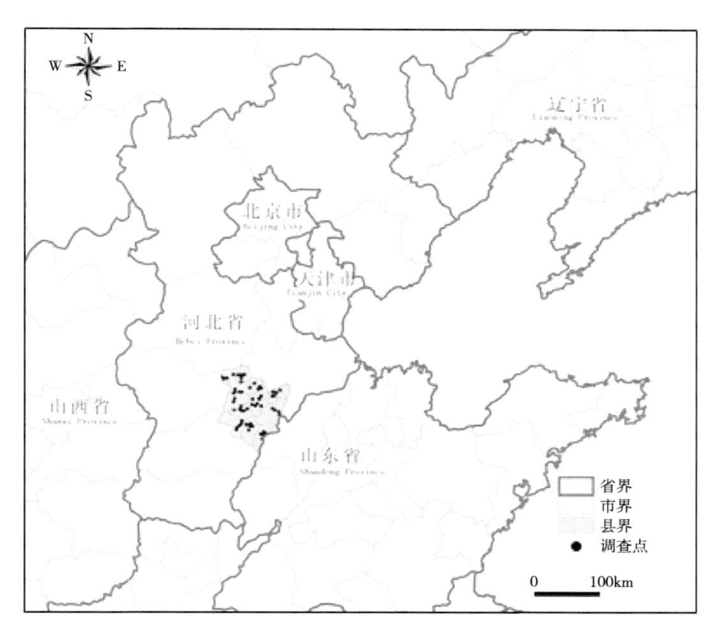

图3-39　研究区样点位置示意图

Fig. 3-39　Sketch map of location of sampling sites in study area

3.3.2　研究方法

考虑到作物关键生育时期叶面积指数（LAI）与作物单产具有较好的相关关系，在将2004年、2007年和2008年实测LAI进行时间内插的基础上，得到每日模拟观测冬小麦LAI，进而获得各年每个关键生育时期的平均LAI；再利用2004年、2007年的数据建立冬小麦各主要生育时期平均LAI与冬小麦相应单产的关系；在此基础上，通过统计参数筛选出研究区最佳估产模型和最佳估产生育时期；同时，利用2004年、2007年生育时期平均LAI和相应年份MODIS-NDVI数据（源于农业部遥感应用中心农情监测业务化运行存档数据）建立冬小麦最佳估产生育时期LAI定量反演关系；最后，在对LAI经验反演模型验证的基础上，利用遥感反演的LAI对2008年研究区冬小麦单产进行估计，并利用2008年的实际调查数据进行单产预测精度验证，估产精度评价指标采用的评价参数为相对误差和均方根误差（RMSE）。

3.3.2.1 田间冬小麦叶面积指数量测和单产调查

2004年、2007年和2008年，对衡水地区11个县117个田间观测样区开展了田间冬小麦LAI测量和单产调查。其中，2004年、2007年和2008年调查样区数量分别为29个、42个和46个。样区布设考虑了冬小麦长势和单产的代表性以及调查点分布的均匀性。样区间隔不小于5km，每个样区面积不小于500m × 500m，样区内种植结构相对单一，利用差分GPS对调查样区进行精确定位。每个样区内的LAI和作物单产调查点不少于3个，将均值作为该调查样区LAI和单产数据。其中，LAI调查时间为冬小麦返青期、起身期、拔节期、孕穗期、抽穗期、开花期和乳熟期等生育时期的始期，采用手工测量方法调查。冬小麦单产调查时间为冬小麦完全成熟前的1 ~ 2天，对1m^{2}面积冬小麦进行实割实测，然后进行脱粒、晾晒和称量，最后折算出冬小麦单产。

3.3.2.2 实测冬小麦叶面积指数的时序内插

通常以农作物的生育时期为观测时间进行作物地面观测，由于作物品种和气候等原因导致区域内同一作物在不同观测点的物候分布具有一定差异性，使一定区域内作物同一个生育时期的时间分布较分散。另外，各个地面观测点在同一个生育时期的观测时间也不同。因此，为了得到不同观测点相同生育时期的数据必须将其内插为日数据，然后对相同生育时期的作物模拟观测值数据进行统计，以得到不同地点同一生育时期的数据。

在MATLAB中利用曲线拟合功能下Gaussian模型对2004年、2007年、2008年各调查点不同生育时期（返青期—乳熟期）冬小麦LAI进行LAI-时间（儒略日）模拟，该模型可有效拟合作物生长曲线的基本特征（Jonsson & Eklundh，2002）。本研究中Gaussian模型函数的基本形式为：

$$y=a_1\times\exp\{-[(t-b_1)/c_1]^2\}$$

式中：a_1、b_1和c_1为常数，分别为LAI最大值、LAI最大值出现时间、函数曲线宽度，研究区内调查点a_1、b_1和c_1分别为4.13～8.06、110.30～120.90、26.04～39.83；t为时间（儒略日）；y为LAI。利用LAI-时间模拟模型得到每日冬小麦LAI。统计观测点主要生育时期内每天冬小麦LAI平均值，作为该生育时期的平均LAI，从而有效减小研究中利用生育时期内某一天的冬小麦LAI观测值代替相应生育时期冬小麦LAI所带来的偏差。

与2004年、2007年和2008年冬小麦实测LAI相比，利用Gaussian模型模拟观测日地面冬小麦LAI的平均相对误差为-1.64%，RMSE为0.59（图3-40）。说明利用Gaussian模型可以很好地拟合冬小麦LAI-时间曲线，从而保证了由日LAI模拟数据计算得到的冬小麦生育时期平均LAI的准确性和可靠性。

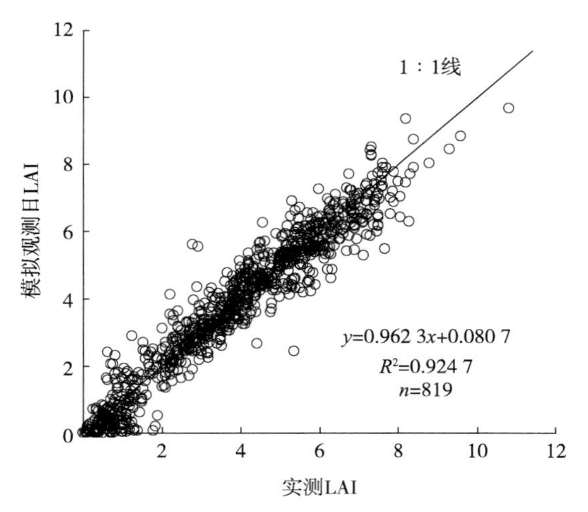

图3-40　Gaussian模型模拟冬小麦LAI与田间实测LAI的比较

Fig. 3-40　Comparison between the simulated LAI of winter wheat using Gaussian function and the field measured LAI

3.3.2.3 NDVI数据平滑去云处理

本研究所用数据为250m空间分辨率10天最大值合成的MODIS-NDVI数据。虽然采用最大值合成法可在一定程度上降低了云的影响，但云的残留影响仍然存在。因此，本研究采用Savitzky-Golay滤波技术进一步消除MODIS-NDVI数据受云的影响（Chen et al.，2004）。该方法为一种权重滑动平均滤波，其权重取决于滤波窗口范围内做最小二乘拟合的多项式次数，该滤波器可应用于任何相同时间间隔、连续且具有一定平滑特征的数据。平滑时，采用NDVI的上包络线来拟合NDVI时序数列的变化趋势，通过迭代过程使Savitzky-Golay平滑达到最好的效果，具体平滑效果如图3-41所示。其中，图中箭头所示数据为平滑前MOSIS-NDVI数据，可见平滑前MODIS-NDVI均较小，且相对于前后两旬的NDVI数据而言，NDVI变幅较大，这种短时间内NDVI较大幅度变化的现象不符合作物生长渐变规律和NDVI平缓变化规律。但利用Savitzky-Golay平滑后，上述异常数据通过模拟得到较平滑的NDVI时序数据，相对于平滑前NDVI数据而言，平滑后数据质量大多得到了提高。基于Savitzky-Golay滤波技术，本研究得到2004年、2007年和2008年3月上旬至6月上旬质量较高的备用旬NDVI数据。

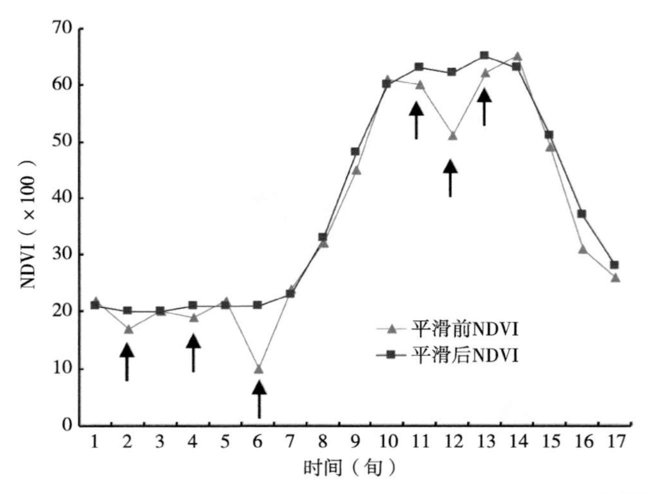

图3-41 Savitzky-Golay滤波技术平滑前后冬小麦MODIS-NDVI的比较

Fig. 3-41 Comparision between original and smoothed NDVI data of winter wheat using Savitzky-Golay filter

3.3.2.4 冬小麦叶面积指数的遥感定量反演

目前，利用遥感技术反演作物LAI的方法主要有经验模型、辐射传输模型、查表法以及神经网络法等（Fang et al.，2003；Liang，2004；Yang et al.，2006），其中，基于遥感植被指数回归分析的经验模型是应用最广泛的方法之一，归一化植被指数是应用最广泛的植被指数（程乾，2006；程乾等，2004；Myneni et al.，1997）。研究表明，遥感NDVI数据在植被或作物生长旺盛时产生一定饱和现象，增强型植被指数（EVI）可部分解决NDVI红光饱和问题，但本研究中采用的是适合业务化运行的MODIS传感器遥感数据，其中，MODIS EVI数据的空间分辨率为500m，MODIS NDVI数据的空间分辨率为250m。为了提高估产精度，尽可能减少样区内混合象元的影响，因此，本研究仍采用空间分辨率较高的250m MODIS NDVI作为研究数据。

本研究采用SPSS 11.5曲线估计模块，通过建立冬小麦估产最佳关键生育时期LAI与相应生育时期冬小麦NDVI的关系，从而实现冬小麦LAI空间信息的反演。其中，2004年和2007年调查点生育时期平均LAI数据用于LAI遥感反演模型的建立，2008年调查点生育时期平均LAI用于验证LAI遥感反演精度。在精度验证基础上，利用遥感反演LAI进行2008年冬小麦单产预测。由于MODIS NDVI数据的分辨率为250m，样区面积选择时不小于500m×500m，且样区内种植结构相对单一，为了减少误差，本研究对实测点500m直径缓冲区内的冬小麦NDVI进行均值统计，然后建立冬小麦NDVI与冬小麦估产关键生育时期LAI间的定量关系。本研究中使用的冬小麦分布数据由农业部资源遥感与数字农业重点实验室提供。

3.3.3 结果与分析

3.3.3.1 冬小麦主要生育时期叶面积指数与冬小麦单产的关系

通过模拟2004年和2007年冬小麦主要生育时期的日LAI，得到冬小麦各生育时期（返青期、起身期、拔节期、抽穗期、开花期和乳熟期）平均LAI，然后利用2004年和2007年地面实测冬小麦单产数据，建立冬小麦各生育时期LAI与小麦单产间的定量关系，其线性回归模型为：

$$Y=aX+b$$

式中：Y为冬小麦单产（kg·hm^{-2}）；X为作物各生育时期平均LAI；a、b为常数。

由表3-3可以看出，研究区冬小麦开花期LAI与小麦单产的关系最显著。从农学和作物生理角度来看，冬小麦的抽穗—成熟期为生殖生长阶段，此阶段主要决定冬小麦粒重，其中，冬小麦进入开花受精阶段的生长状况对结实率具有较大影响。冬小麦的产量形成与干物质累积与分配密切相关，特别是开花至成熟阶段，正常生长的冬小麦绿叶是同化物产生的重要来源之一，而此时同化物大多向籽粒运输和分配，因此，作为重要小麦群体参数之一的开花期至乳熟期冬小麦LAI的大小对干物质累积的多少和后期产量形成均具有重要意义。综合农学、作物生理机理及表3-3中数理统计结果，本研究可以通过模拟冬小麦开花期平均LAI对单产进行预测。

表3-3　冬小麦各生育时期平均LAI与小麦单产（kg·hm^{-2}）的关系

Table 3-3　Relationship between average LAI of each growth stages and yield（kg·hm^{-2}）of winter wheat（n=71）

生育时期	单产（Y）与LAI（X）关系	决定系数（R^2）	Sig值
返青期	Y=224.72X+6 762.3	0.225	0.090
起身期	Y=274.76X+6 240.8	0.324	0.080
拔节期	Y=200.55X+5 977.6	0.368	0.001
孕穗期	Y=178.86X+5 929.0	0.585	0.001
抽穗期	Y=238.80X+5 627.3	0.642	0.000
开花期	Y=365.74X+5 337.2	0.869	0.000
乳熟期	Y=305.14X+6 233.1	0.549	0.000

3.3.3.2　冬小麦叶面积指数遥感反演及精度验证

通过2004年和2007年实测冬小麦LAI的时序内插，得到2004年和2007

年各实测点开花期平均LAI。然后，建立2004年和2007年开花期平均LAI与相应生育时期冬小麦MODIS-NDVI的定量关系。由于研究区冬小麦开花期时间在5月中旬（5月11—20日），因此将5月中旬10d合成最大值MODIS-NDVI作为研究区冬小麦开花期NDVI值。为了减少误差，将实测点对应的500m直径缓冲区内NDVI均值作为该点冬小麦NDVI值。冬小麦开花期平均LAI与开花期NDVI的关系为：

$$y=0.069x+1.384\,3\ (n=71,\ R^2=0.757\,1,\ \text{Sig.}=0.000)$$

式中：x为$100\times NDVI$；y为冬小麦开花期平均LAI。根据此公式，得到2008年冬小麦开花期平均LAI（图3-42）。通过与2008年实测调查点时序LAI内插基础上得到的开花期观测平均LAI相比，遥感反演开花期平均LAI的平均相对误差为2.37%，RMSE为0.57（图3-43）。可见，通过该法反演的冬小麦LAI精度较高，可以满足大范围冬小麦单产预测的要求。

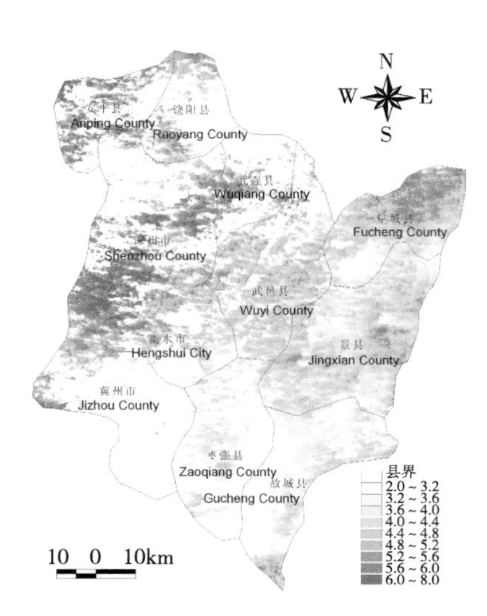

图3-42　2008年冬小麦开花期遥感反演叶面积指数

Fig. 3-42　Retrieved LAI of winter wheat at flowering stage（2008）

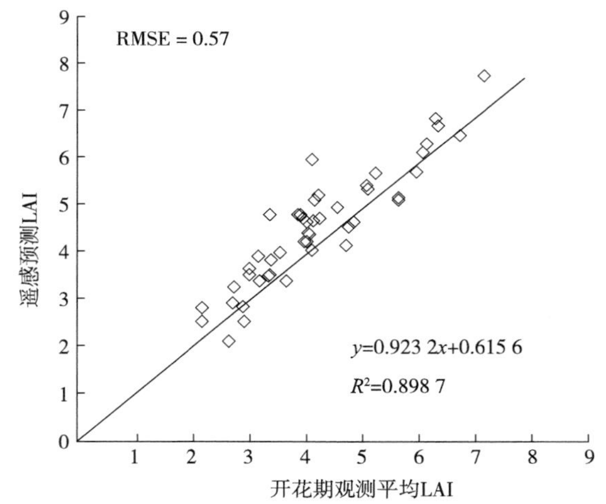

图3-43　MODIS-NDVI反演冬小麦开花期平均LAI的验证

Fig. 3-43　Validation of the winter wheat LAI retrieved from MODIS-NDVI

3.3.3.3 冬小麦单产预测及精度验证

将由MODIS-NDVI反演得到的2008年冬小麦开花期平均LAI数据代入冬小麦单产预测模型，得到2008年研究区冬小麦单产空间分布图（图3-44）。为了检验冬小麦单产预测结果，将2008年实割实测点对应500m直径缓冲区内所预测的平均冬小麦单产与实割实测冬小麦单产数据对比验证（图3-45）。结果表明，利用遥感反演关键生育时期平均LAI进行冬小麦估产的平均相对误差为1.21%，相对估产误差范围为-5.42%～4.83%，RMSE为257.33kg · hm^{-2}。

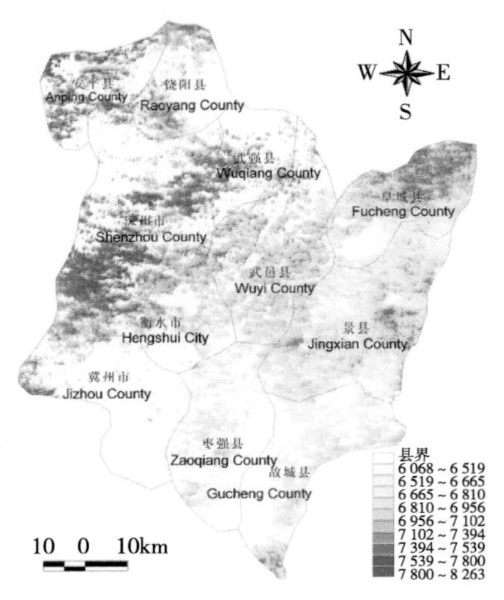

图3-44 研究区2008年冬小麦单产（kg · hm^{-2}）空间分布

Fig. 3-44 Distribution of yield（kg · hm^{-2}）of winter wheat（2008）

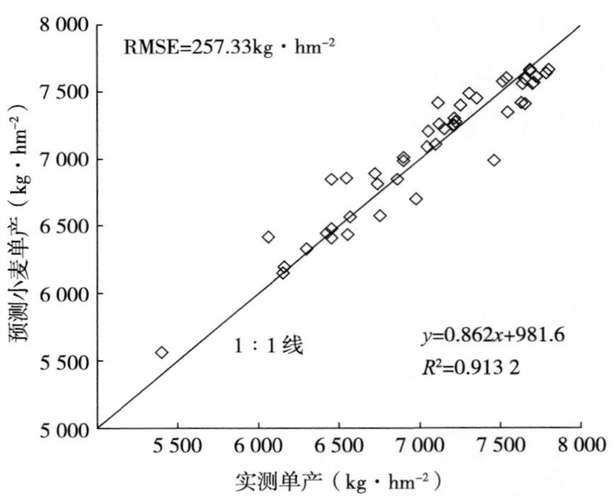

图3-45 2008年冬小麦单产预测精度验证

Fig. 3-45 Validation of the prediction result of winter wheat yield in the year（2008）

3.4 本章小结

（1）作物遥感估产技术是一种空间信息科学和农学知识的综合应用技术，考虑到作物估产过程中误差来源众多，且误差具有一定传递性和累积特性，为了提高估产精度，本研究对误差重要来源之一的数据预处理过程进行了一定控制。如本研究采用了Savitzky-Golay滤波技术，有效去除了MODIS-NDVI数据中的缺失、云及异常值的影响，NDVI时序数据经过滤波平滑后，能更好地反映作物长势变化，为提高估产精度奠定了基础。另外，通过实测LAI时序数据内插模拟得到每日的作物LAI，从而得到主要生育时期LAI，并利用生育时期LAI单产模型的建立，改变了利用主要生育时期内某一时间LAI代替整个生育时期LAI的方法。上述方法无疑对提高作物估产精度有利。

（2）在基于行政单元统计数据的作物单产遥感估算研究中，本研究综合考虑了MODIS-NDVI对植被覆盖度的敏感性和饱和性特点，选取0.1～0.8的MODIS-NDVI用于黄淮海冬小麦主产区内典型区的产量预测。建立了主要生育期平均NDVI与冬小麦单产的关系，并加以应用。通过与调查统计产量比较，单产估计相对误差在1.36%～11.05%，其中利用旬数据估产相对误差在1.62%～11.05%，月数据估产相对误差在1.36%～5.18%。同时，从模型相关系数动态变化和模型验证相对误差变化看，4月上旬至5月下旬是利用月NDVI估产的最佳时期，估产相对误差在1.36%～4.69%变化；而4月中旬至5月上旬是利用旬数据进行估产的最佳时期，估产相对误差在1.62%～3.23%变化。这对于提高冬小麦收获前的产量估计精度具有重要意义。

（3）在基于实测单产数据的区域作物单产估算中，本研究通过建立地面实测点单产数据与相应遥感指标（如NDVI、LAI等）间的线性关系来预测农作物的单产。研究中，为了减少误差，从遥感影像统计与地面实测单产点相应遥感指标时，统计地面单产实测点500m缓冲区内的遥感指标均值，作为相应地面实测点的遥感数据。最终，基于上述方法获得了具有较高估产精度的江苏省估产年份冬小麦和夏玉米估产结果。其中，通过与地面实测数据对比可知，利用江苏省地面实测数据遥感估产8月中旬玉米平均相对误差为4.12%，8月下旬估产相对误差为4.92%。上述结果证明了本研究中基于实测单产数据的区域作物单产估算方法的可行性。

（4）在基于LAI反演的区域作物单产估算研究中，本研究在冬小麦主要生育时期LAI与作物单产统计关系建立和单产预测模型择优基础上，利用MODIS-NDVI遥感数据反演最佳估产生育时期LAI，从而预测冬小麦单产，取得了较好的估产效果，证明利用遥感反演的生育时期LAI可以有效地进行大范围作物单产预测。由于研究中使用了冬小麦开花期数据进行作物单产模拟，因此，利用该方法可以在冬小麦收获前20～30天实现大范围冬小麦单产的准确预测。

（5）本研究作物单产估算研究均是在农作物主产区进行，考虑到业务应用中的实际情况，部分研究过程中采用耕地图来代替作物分布图，进而提取作物长势等相关信息，尽管在研究中也获得了较高的估产结果，但势必影响估产精度的进一步提高。随着国内外共享遥感数据资源的增多，各类中高分辨率遥感数据逐步广泛应用，因此，随着国家农业管理部门对农作物遥感监测要求的逐步提高，在开展精细化农作物产量估算中，需要在提取农作物分布图基础上，开展农作物单产遥感估算研究，从而进一步提高农作物单产估算的精度和精细化水平。另外，本章节仅重点研究了最常用的NDVI遥感指标，且统计模型只采用了最简单的关键生育期遥感参数一元线性形式，而基于不同时段遥感参数、不同线性模型（如幂函数、指数函数、对数函数和多元线性等）、非线性模型的比较应用和多种遥感指数（如EVI、LAI、NPP、地上生物量等）估产结果的优化筛选有待进一步开展（Huete & Liu，1994；王正兴等，2003；王长耀等，2005；程乾，2006）。

第4章 基于光能利用效率模型的遥感估产方法

植物净初级生产力NPP（Net Primary Production）在全球变化研究中占有重要地位，特别是在研究全球碳循环和生物量等研究方面发挥了重要作用。我国在利用NPP进行碳循环和生物量研究方面也取得了丰硕成果，但主要集中在陆地生态系统或森林生态系统和草地生态系统（卢玲等，2005）。近年还将NPP的研究扩展到了农田生态系统（朴世龙等，2001；李岩等，2004；陈华，2005；李贵才，2004；史晓亮等，2017；周磊等，2017）。

植物净初级生产力是指绿色植物单位时间、单位面积所累积的有机物数量，是光合作用形成的有机质总量扣除自养呼吸的剩余部分，是表征植物活动状况的重要指标。目前，净初级生产力的估算模型主要有统计模型、参数模型和过程模型（Ruimy et al.，1994）。统计模型主要指通过气候因素（光照、温度、降水）或植被指数（如NDVI）与NPP的相关关系建立模型，从而估算NPP；过程模型侧重于植物生命过程和能量转换机制，该模型参数较多，而且复杂，从而影响了过程模型的广泛应用；植被净初级生产力NPP参数模型首先由Montieth提出，主要从能量平衡出发，通过植被冠层吸收的光合有效辐射、光能利用率来计算NPP。参数模型因素组合简单，实用性强，而且部分参数（如光合有效辐射）可通过遥感方法获得，因此该模型被广泛应用。本研究主要利用参数模型来估算区域冬小麦的NPP，且通过多源遥感数据来获取计算作物NPP所需参数，如利用TOMS传感器紫外反射率计算光合有效辐射，利用250m分辨率的MODIS（Moderate Resolution Imaging Spectroradiometer）遥感数据计算光合有效辐射分量。

实践表明，在进行大范围农作物估产时，通过计算区域内的NPP来获取区域作物产量具有现实意义。一些国外学者在利用NPP进行作物估产方面做了大量有益探索（Lobell el al.，2003；Bastiaanssen & Ali，2003；Tao et al.，2005），国内学者也逐渐利用NPP进行作物遥感估产的研究（王建林等，1996；张佳华，2001；晏明等，2005；史晓亮等，2017；安秦和陈圣波，2019）。本研究将充分利用遥感技术获取参数，并采用高分辨率MODIS数据，同时利用NPP和地面实际调查辅助数据进行我国冬小麦主产区的估产研究。

4.1 NPP有关基本概念

太阳辐射能是大气和地球表面物理和生物过程的主要能源，是植物制造有机物的唯一能量来源。而且植物生长和发育的物质、能量来源于光合作用。作物的干物质积累和NPP形成过程中，根部吸收的无机物比例仅占10%，而90%的部分直接或间接来源于光合作用形成的有机物质。

4.1.1 总初级生产力（GPP）

总初级生产力是指在单位时间和单位面积内，绿色植物通过光合作用所产生的全部有机物同化量，即光合总量。GPP中除了包括植物个体各个部分的生产量外，还包括同期内植物群落为维持自身生存，通过呼吸所消耗的有机物，这决定了进入陆地生态系统的初始物质和能量。

4.1.2 净初级生产力（NPP）

净初级生产力指绿色植物在单位面积、单位时间内所累积的有机干物质，包括植物枝、叶和根等生产量及植物枯落部分的数量，它是光合作用产生的有机质总量扣除自养呼吸后的剩余部分。NPP反映了植物固定和转化光合产物的效率，同时决定了可供异养生物（如动物和人）利用的物质和能量。它表示为：

$$NPP=GPP-R_a$$

式中，R_a为绿色植物自养呼吸的消耗量。

4.1.3　净生态系统生产力（NEP）

净生态系统生产力（Net Ecosystem Productivity，NEP）指净初级生产力中减去异养生物呼吸消耗光合产物之后的剩余部分。NEP表示整个生态系统与大气之间的碳交换。NEP与净初级生产力的关系为：

$$NEP=NPP-R_h$$

式中，R_h表示异养呼吸消耗量。

4.1.4　净生物群区生产力（NBP）

净生物群区生产力（Net Biome Productivity，NBP）指在NEP中减去各种自然和人为干扰（如火灾、动物啃食、农林产品收获等）等非生物呼吸消耗所剩下的部分，它表示为：

$$NBP=NEP-NR$$

式中，NR为非呼吸代谢消耗的光合产物。NBP实质是全球变化研究中陆地碳源/碳汇的概念。在NEP一定的情况下，NBP大小取决于NR值，而NR主要由非生物因素决定，因此，它的大小与人类生产经营活动密切相关。

4.1.5　生物量（Biomass）

生物量是指一定时段内单位面积或体积内一个或一个以上生物种（或一个地理群落中）所有生物有机体的总干物质的量。从净初级生产力和生物量的概念可知，净初级生产力是形成生物量的基础，生物量是净生产力的存留部分。在净初级生产力和生物量形成过程中，生物还存在枯死、凋落损失以及动物采食的消耗。生物量可以表示为：

$$dv/dt=\text{NPP}-f_{vl}$$

式中，dv/dt是单位时间、单位面积变化的生物量；NPP是净初级生产力；f_{vl}是残落物速率。在生物量中，有机物的去向主要包括被食量（被动物啃食）、自然干扰消耗量（如火烧）、人类生产经营（如粮食收获）以及NBP。NBP累积成生态系统的现存量（Standing Crop，SAC）。有时现存量被狭义地理解为生物量，若严格讲，二者的含义不同。我们通常进行的生物量调查，实际为现存量。

4.1.6 作物产量（Crop Yield）

作物产量指单位面积作物的生物产量中分配到有用的组织或器官，即收获物中的份额，如禾谷类作物的籽粒，薯芋类作物的块根或块茎等。

4.2 NPP的主要获取方法

从20世纪50年代开始，特别是60年代以来，随着联合国教科文组织（UNESCO）的国际生物学计划（International Biological Program，IBP，1964—1974年）和国际地圈—生物圈计划（International Geosphere-Biosphere Program，IGBP）的实施，以及计算机和遥感等新技术的应用，植被净初级生产力模型的研究呈现迅猛发展态势。NPP的研究方法分为两大类，即测量法和模型模拟法（孙睿，1998）。经过几十年的发展，国内外提出了很多NPP估算模型。根据模型复杂程度，NPP估算模型大致可分为气候统计模型、参数模型和过程模型3类（Ruimy，1994）。

4.2.1 测量法

测量法主要是测定典型植被的NPP，然后根据植被分布图进行外推，得到区域内NPP的分布。在局部范围内，NPP测定主要包括生物量收获法、维量分析法和CO_2气体交换测定法（Gower et al.，1997）。

4.2.1.1　生物量收获法

收获法主要依据的原理是结束时期植物生物量与开始时期植物生物量之差，然后再加上期间的枯死量和根系渗出物及动物采食量。这种方法对生长期短的简单群落（如一年生植物、作物、草地等）效果较好。但工作量相对较大，准确获取地下生物量较困难。

4.2.1.2　维量分析法

对于结构较复杂，且难以用收获法获取其生物量的群落，如森林或灌木林等，则需利用植物生长量与植株大小的定量关系准确测定其生物量。对于同龄林，可采用平均木法将个体林木的测定值转换为林分的生物量。这里的平均木法指利用平均木的质量与单位面积林木株数的乘积来换算求得林分的生物量。对于林下植物可采用生产量比值法，即植物不同部分生产量与截取干重的相关平均比值，从而确定其生物量。对于异龄林，则需建立生长量与容易测定的林木维量值（林木的高度、基径或胸径等）间的定量关系，然后通过林木的维量值推算NPP数量。

4.2.1.3　CO_2气体交换法

气体交换法主要是通过测定空气中CO_2含量的变化来计算净同化率。但是气体交换法测定的NPP与实际NPP偏离较大，因为其中的部分过程偏差较大。例如，测定总光合量和呼吸量比较困难。在叶片测定的光合水平和呼吸水平，并不能代表冠层水平的生产力大小，因为枝干、根和皮的呼吸量和光合量没有被考虑。

总之，通过测量法测定NPP不仅工作量大，费时费力，而且在大范围内进行NPP研究的可操作性也较差，因此，科学工作者更倾向于使用模型模拟法进行NPP的估算和预测。

4.2.2 模型模拟法

4.2.2.1 气候统计模型

在天然环境条件下，植被群落生产能力除了受自身生理特点、土壤特性影响外，主要受气候因子的影响，如温度、降水、日照等都与植物干物质有较好的相关关系，因此，可以通过气候因子对植被的NPP进行估计（方精云，2000）。这就是气候模型估算植被NPP的主要原理。同时，气候统计模型是可以直接通过地面气候资料（如降水、温度）而不需要其他资料对植被NPP进行估计的模型。在NPP研究初期阶段，由于资料缺乏和技术的限制，多数学者也选择这种较为简单的气候统计模型的方法。该气候统计模型较多，主要包括经验模型和半经验模型。经验模型如迈阿密（Miami）模型、Thornthwaite Memorial模型等；半经验模型如筑后（Chikugo）模型。在我国，这些模型都得到了较为充分的应用。

（1）Miami模型。Miami模型是Lieth（1975）根据实际测定的NPP资料和温度、降水建立的模型，它的经验关系如下所示：

$$\mathrm{NPP}(T)=3\,000/(1+e^{1.315-0.119T})$$

$$\mathrm{NPP}(R)=3\,000/(1-e^{-0.000\,664R})$$

式中，NPP（T）、NPP（R）为根据年均温、年降水量计算的生物干物质的量（g·m^{-2}·$年^{-1}$），T和R分别为年均温（℃）和年降水量（mm）。根据Liebig定律，选取二者中最小值作为各点计算生物量。

但是由于Miami模型仅考虑水热条件对生物产量的影响，而未考虑土壤条件、植物本身生理特性参数对生物产量的影响，因此具有明显的局限性（周广胜，1995；张佳华，2001）。

（2）Montreal模型。Thornthwaite和Rosenzweig都研究了蒸腾蒸发量（ET）与气温、降水和植被间的关系，并建立了NPP和ET间的统计关系。Lieth（1975）根据Thornthwaite发展的可能蒸散量模型及世界五大洲50个地点植被净生产力资料提出了Thornthwaite Memorial模型，后被称为Montreal模型。模型如下所示：

$$NPP=3\,000[1+e^{-0.000\,969\,5(v-20)}]$$

其中，$v=1.05R/\sqrt{1+(1+1.05R/L)^2}$，$L=3\,000+25t+0.05t^3$

式中，NPP为植物气候产量（$g \cdot m^{-2} \cdot 年^{-1}$），$v$为年实际蒸散量（mm），$L$为年均蒸散量（mm），$t$为年均温（℃），$R$为年均降水量（mm）。

可以看出，Montreal模型和Miami模型相比，Montreal模型包含的环境因子更为全面，计算结果亦优于Miami模型。但上述两个模型仍为植被生产力与环境因子间的统计回归模型，缺乏理论基础（张宪洲，1992）。

（3）筑后（Chikugo）模型。筑后模型是1985年Uchijima结合IBP期间取得的世界各地的682组生物量数据和相应的气候资料，通过计算太阳辐射、光合有效辐射、净辐射和辐射干燥度，得到植物气候生产力与净辐射（R_n）的统计关系，如下所示：

$$NPP=0.29e^{\left[-0.216(RDI)^2\right]R_n}$$

式中，RDI为辐射干燥度，R_n为陆地表面所获得的净辐射量（$Kcal \cdot cm^{-2} \cdot 年^{-1}$）。

该模型是植物生理生态学和统计相关方法的结合，综合考虑了多个因子的作用，是估算自然植被NPP的较好方法。但该模型建立在土壤水分供给充分的基础上，所估算的NPP实际上是潜在或最大NPP，与干旱和半干旱区实际的NPP有较大偏差（侯光良等，1990）。

除了利用NPP与气象因子间的统计模型外，随着遥感技术的发展，生长积分NDVI与NPP间建立的经验模型也得到了应用（Tucker et al.，1986；Sellers et al.，1986；Goward et al.，1989）。同时，Rasmussen（1998）还提出了NPP—气候NDVI混合模型，这种模型结合了将传统方法与现代信息结合，事实证明是一种比较有效的方法（Myneni et al.，2001）。

总之，统计模型虽然决定NPP的因子简单，且该类模型得到较为广泛地应用和不同程度的验证。但该类模型忽略了许多影响NPP的生理生态反应和复杂的生态系统过程和变化，也未考虑植物对环境的反馈作用，且以点代面，因此，估算NPP的误差仍然较大。

4.2.2.2 过程模型

过程模型建立在植物生命过程和能量转换机制的基础上，以光合作用为NPP植被第一驱动者，气候、生态系统类型以及资源的重要性可根据它们对光合作用、生物量分配及呼吸作用的影响来评价分析，从而模拟太阳能转化为化学能的过程和植物冠层蒸散与光合作用以及器官分配的诸多过程。同时考虑影响光合作用和生理过程的因素的影响，如光合有效辐射、温度、大气CO_2浓度和土壤水分等。这类模型主要有TEM（Terrestrial-Ecosystem Model）模型（Raich，1991）、BIOM-BGC模型、CENTURY模型（Parton et al.，1987）和MAGIC模型（Cosby et al.，1985）等。

（1）TEM—陆地生态系统模型。Raich（1991）建立了陆地生态系统模型（TEM）。TEM模型是第一个实现全球生产力预测的过程模型。该模型以植被类型、土壤质地、土壤湿度、潜在或实际蒸散率、太阳辐射、云量、降水、温度和大气二氧化碳浓度等环境变量驱动模型，以月为步长来估算碳、氮等重要生物地球化学元素的库和流。Raich等（1991）首先把TEM模型应用于南美地区的潜在净第一性生产力研究，其结果与Miami模型接近。Melillo等（1993）通过输入全世界18种植被类型分布图，应用这一模型估算了全球净第一生产力格局和土壤氮循环。目前，TEM模型在应用的过程中不断得到更新。

（2）BIOM-BGC模型。BIOM-BGC模型主要目标是解决全球范围内对陆地生态系统的模拟，它的特点一是以遥感数据（主要指叶面积指数）作为输入参数的主要来源；二是以气象数据作为模型的基本控制变量，并和全球大气环流模型（Global Cycle Model，GCMs）结合。Running（1988）建立了针对森林系统的FOREST-BGC模型，分析区域森林生态系统地球化学循环过程，模型以叶面积指数确定森林生态系统中能量流动和物质循环，计算林冠的截留、蒸散、呼吸、光合、碳同化物的分配和凋落物量等系统功能过程。而区域叶面积指数数据通过遥感手段得到（Running et al.，1989，1999；Asrar et al.，1984），由此将生态系统水平的功能模拟模型推广到区域范围。模型模拟的时段按日和年进行。1993年该模型推广到其他生态系统，因此被称为BIOM-BGC模型（Running et al.，1993）。

过程模型考虑了NPP形成的很多细节和影响因子，但是很多参数是随时空变化的变量，因此，参数的获取成为此类模型广泛应用的瓶颈，NPP估测的效果也不令人十分满意。

4.2.2.3 参数模型

参数模型通常也被称为光能利用率模型，该模型以光能利用率的理论为基础，基于资源平衡的观点，通过植被冠层吸收的光合有效太阳辐射（APAR）和光能利用率（ε）来计算NPP。资源平衡的观点认为植物生长是各种可利用性资源组合的结果，且各种资源在植物生长、生理过程中具有平等的限制作用，在极端条件下，NPP受最紧缺资源的限制（陈利军，2002）。

Monteith（1972）首先提出利用植被所吸收的光合有效辐射和光能利用率计算NPP。Heimann等（1989）首先发表了基于APAR的全球NPP模型，和Monteith的模型一样，将ε看作常数，而在全球范围内会带来较大误差。因此，以后的参数模型多考虑了ε随环境、光合作用途径等因素的影响。

Sellers等（1992）提出植被光合有效辐射分量（fPAR）与归一化植被指数（NDVI）具有高度相关性，即植物长势越旺盛，其NDVI越高，达到冠层的光合有效辐射（PAR）吸收能力越强。这一发现使Montieth的光能利用率模型可以借助遥感来估算NPP（Potter et al.，1993；Prince & Goward，1995；Veroustraete et al.，1996；Hanan et al.，1997）。因此，利用遥感手段估算NPP模型成为研究热点。

Potter等（1993）提出CASA（Carnegie-Ames-Stanford-Approach）模型，后经Field（1995）改进，使其CASA模型成为将生态、遥感和地面数据相结合且能够预测每月的NPP的模型。随后，Field等（1998）又利用CASA模型与VGPM（Vertically Generalized Production Model）模型分别估算陆地和海洋的NPP。

Prince等（1995）提出基于AVHRR遥感数据的全球生产力效应（Globle Production Efficiency Model，GLO-PEM）模型。GLO-PEM模型正是利用fPAR与NDVI间的线性关系，由NOAA-AVHRR数据资料估算全球fPAR

的分布。而GLO-PEM模型中的光合有效辐射是通过TOMS（Total Ozone Mapping Sepectrometer）紫外反射波段的值来确定。

与其他类型NPP估算模型相比，参数模型具有很多优点：一是将影响NPP的环境因子以相对简单的方法组合在一起，模型使用简单，易于操作，便于在区域或更大尺度上应用；二是模型的部分数据可以通过遥感方法获取，如fPAR参数。这样可以减少大量的地面测定工作；三是利用遥感数据进行现实植被分类，可及时地反映植被变化，同时遥感数据覆盖范围大，可实现区域尺度上的NPP估测，实现以面代点。随着遥感技术的发展，以卫星遥感数据作为信息源的NPP研究已经显示出其优越性。因此，许多研究结果表明，参数模型成为NPP研究的重要发展方向（陈利军，2001；陈华，2005；马龙，2005）。基于上述优点，本研究将利用参数模型计算NPP，并进行作物估产研究，且充分发挥遥感获取大范围参数的长处，为利用遥感方法进行冬小麦业务化估产服务。

4.3 基于光能利用效率模型的作物估产方法

本研究拟采用植物净初级生产力NPP模型计算冬小麦生物量。即首先利用参数模型计算冬小麦的NPP，然后利用植物C素含量与干物质间转化系数（α），将NPP转化为植物干物质的量，然后再通过地面实测的冬小麦收获指数HI（Harvest Index）校正干物质的量，便可得到冬小麦的预测产量数据Yield，计算公式如下：

$$NPP=\varepsilon \times fPAR \times PAR$$

$$Yield=HI \times (NPP \times \alpha)$$

式中，α为植物C素含量与植物干物质量间转化系数，对于一种作物而言，α为常数。冬小麦生物体C素含量约为45%，其α值约为2.22（Schlesinger，1997）；PAR（Photosynthetically Active Radiation）为光合有效辐射，它是指植物叶片的叶绿素吸收光能和转换光能的过程中，植物所利用的太阳可见光部分（0.4～0.76μm）的能量；fPAR（Fraction of

Photosynthetically Active Radiation）为光合有效辐射分量，它是指作物光合作用吸收有效辐射的比例；ε是光能转化为干物质的效率，C_3植物与C_4植物ε有明显差别（Bastiaanssen & Ali，2003；Field et al.，1995；Hanan & Prince，1995），其中C_3植物仅以卡尔文循环同化碳素，最初产物是三碳化合物，农作物中C_3植物主要包括小麦、水稻、大豆和棉花等；C_4植物最初产物为四碳化合物，农作物中C_4植物主要有玉米、高粱、甘蔗、黍和粟等。而且ε是与众多因素有关的一个变量，如温度、降水等，但在小区域内该系数又基本趋于恒定，可以视其为常数（Russell et al.，1989；Field et al.，1995）。

应用此模型时，关键工作是得到以上3个参数的数据。但考虑到获取的方便性、数据即时性、可操作性和数据获取的成本，本研究拟采用如下方法：一是光合有效辐射PAR采用TOMS（Total Ozone Mapping Spectrometer）传感器提供的紫外反射率数据来计算；二是光合有效辐射分量fPAR根据MODIS NDVI和fPAR间的关系来计算生成，该计算模型由NASA-MOD15算法提供。三是由于本研究的研究区域是冬小麦主产区，且水热条件均一，因此，光能转化为有机质变量ε在本研究中假定为常数。该常数通过查取文献和根据当地实测数据综合确定。

4.3.1　光合有效辐射PAR的确定

区域乃至全球的光合有效辐射计算方法主要有3种：一是气候过程模型，如法国的全球气候模型GCM，但结果不令人满意（Noilhan & Planton，1989）；二是通过遥感方法，如利用TOMS传感器紫外反射率估算地面PAR（Eck & Dye，1991）；三是通过太阳总辐射推算，即设定PAR在太阳总辐射中的百分比（Running et al.，1999）。本研究将通过遥感方法，利用TOMS的紫外反射波段计算光合有效辐射，即运用照射到地表的潜在光合有效辐射和云的反射率来计算。这是由于云在紫外和PAR波段的反射率比较稳定，并且对这两个波段的辐射吸收比较小，从而可以将云对PAR的影响用TOMS紫外反射值的线性函数来估计，利用这种方法可以去除云的影响从而达到估计PAR的目的。与利用可见光波段来计算太阳辐射的方法相比，利用紫外来计算太阳辐射的主要优势在于提高了从高反照度背景表面中辨别云的能力（Prince & Goward，1995）。该方法的算法如下（Eck & Dye，1991）。

$$\mathrm{PAR} = I_{ap} = \begin{cases} I_{pp}\left[1-\left(R^{*}-0.05\right)/0.9\right], R^{*}<0.5 \\ I_{pp}\left(1-R^{*}\right), \quad R^{*}\geqslant 0.5 \end{cases}$$

式中，R^*为TOMS传感器在370nm的紫外反射率，范围在0～1；I_{ap}实际地表光合有效辐射；I_{pp}为潜在光合有效辐射，它是晴朗天气条件下到达地表的光合有效辐射。I_{ap}和I_{pp}参数计算主要运用Goldberg和McCullough提供的计算日辐射能量的方法（Goldberg & Klein，1980；Mccullough，1968）。

$$I_{pp} = I_{op}\cdot\cos z\cdot\left[0.5(1+e^{-m^{*}R})e^{-m^{*}(\gamma+\alpha x)}+0.05\right]$$

式中，m^*为用来计算日辐射的有效空气质量；Z为太阳天顶角；R为瑞利散射系数；γ为气溶胶散射和吸收系数；α为臭氧在400～700nm波段的吸收系数；x为臭氧量（atm·cm）。根据Goldenberg和Klein（1980）的研究结果，以上参数R、γ、α和x均设为常数，分别为0.131，0.02，0.053和0.3。

$$I_{op}\cdot\cos z = 0.378\left[A_0 + A_1\cos(d) + A_2\cos(2d) + B_1\sin(d) + B_2\sin(2d)\right]$$

式中，A_0，A_1，A_2，B_1，B_2可查表得到，这些值为纬度步长为1度的离散值。

$$d = (\frac{360}{365}D)$$

式中，d为日角，D为具体的某一天在一年中为第几天（一月一日为第一天）。

$$m^{*} = 0.179 + 1.308\ 36m + 0.039\ 482m^{2}$$

$$m = \left[\sin\Phi\sin\delta + \cos\Phi\cos\delta\right]^{-1}$$

式中，Φ为纬度；δ为太阳倾角。

$$\delta = 0.332\,81 - 22.984\cos(d) - 0.349\,9\cos(2d) - 0.139\,8\cos(3d) + 3.787\,2\sin(d) + 0.320\,5\sin(2d) + 0.071\,87\sin(3d)$$

$$d = (\frac{360}{365}D)$$

TOMS传感器在370nm的紫外反射率数据可以从Ozone Processing Team of NASA/Goddard Space Flight Center处获取。该数据覆盖全球范围，且为ASCII形式，分辨率为1.25°×1°，如图4-1所示。利用上述方法通过TOMS反射率求算的光合有效辐射结果与地面测量数据相比较，其估算误差低于6%（Eck & Dye，1991）。

```
Month:          May 2004  Archive        v8    EP TOMS aerosol index
Longitudes:  288 bins centered on 179.375 W to 179.375 E  (1.25 degree steps)
Latitudes :  180 bins centered on  89.5   S to  89.5   N  (1.00 degree steps)

  ------  ------

  9 12 13 11 13 12 11  8  5  8  7  9 10 11 10 10  8  6  8 10 11 13 13 13 10
  7 10 12 12 11 11 12 13 13 14 12 10 11 13 12 13 14 14 15 16 14 12 13 10 12
 19 22 24 22 18 14 15 22 29 23 23 22 19 14 11  9  9  8  8  9  9  8  9  9  8
  6  8  8  7  7 10 13 17 15 10 10  8  9 10 12 12 11 11  9  9  8  8 10 10 12
 13 13 16 16 14 10 11 14 12 14 14 13 15 18 11  8 11 12 14 12 16 17 18 14 11
  8 12 11 13 14 15 14 13 12  9 10  9 12 12 16 22 25 22 20 20 20 19 23 27 27
 27 26 23 20 18 17 20 18 19 20 24 23 25 22 20 21 21 19 17 19 20 21 23 24 21
 21 24 27 28 33 35 34 31 25 15 14 21 23 25 24 30 28 26 26 25 26 25 26 28 28
 37 42 35 29 26 14 13 29 13 19 18 19 14 12 14 16 14 13  9 12  9  7  9 10 10
  9 11 13 10 10 10 13 13 12 12 10 10 10 11 11 12 11  9  8  7  8  7  8  8  9
  8  8 10  7  8  8  8  9  9 10 10 13 15 13 10 11 12 13 11 11 10 10 10999 12
 13 12 12 13 12 13 14 14999 11 11 12 10   lat =   31.5
 12 11 12 13 12  8  9  9  7  8  9  8  7 10 11  8  8  9  9 10 11 12 11 12 12
 12 11 11 10 12  9 11 11 11 13  9 11 12 12 12 11 12 13 15 15 12 10 10 12 14
 17 26 27 24 20 16 17 18 18 21 21 22 18 13 11  9  8  7  7  9  9  9  7  7  5
  5  6  6  7  7  8 12 14 13  8  7  8  8  9 10 10 12 13 10  6  7  8  9  9 11
 10 12 12 13 10  9 10 11 12 13 14 13 12 14 11  9 11 12 12 13 14 14 17 14 12
 10  9  9 11 11 11 14 11 12 10 10  9 11 11 12 19 21 18 16 18 18 20 21 25 28
 28 24 22 20 19 19 18 18 17 19 19 22 23 20 19 16 15 16 17 21 20 20 19 19 19
 19 23 25 29 31 29 30 26 16 12 16 19 19 25 27 31 24 25 23 25 25 23 23 26 23
 35 35 32 27 14  6 23 20 15 14 17 13 11 10 11 10 11  8 12 11 10  8  8 11 10
 10 12 13 11 10 11 11  9 12 14 13 13 12 12 12 13 11  9 10  9  9  7  7  7  9
  8  9 12  8  7  8  7  8  8  9 10 13 12  9 12 11  9 11 10 10  9  9  9  8  9
  9 11 11 10 10 14 11 10  9 11  9  8 11   lat =   32.5

------
```

图4-1　TOMS传感器紫外反射率ASCII形式原始数据（2004年5月）

Fig. 4-1　Ultraviolet reflectance from TOMS in ASCII

由于本研究区范围较小，覆盖的紫外反射率数值点少，为了得到该区域内的月光合有效辐射数据，同时为减少误差和增强可操作性，因此，本研究通过在全球紫外反射率数据中选取了华北平原范围内的月紫外反射率数值点，然后按照上述方法计算每个数值点的月光合有效辐射，然后通过投影转换，将经纬度下的月光合有效辐射转化双标准纬线等积圆锥投影下的有效辐射值。再通过反距离权重法（IDW）对月光合有效辐射数值点在华北平原范围内进行内插，最终生成250m分辨率的月光合有效辐射PAR数据。最后，将研究区的矢量边界图生成Mask图，切割下研究区内的月光合有效辐射数据。

4.3.2 光合有效辐射分量fPAR的确定

许多研究结果表明，光合有效辐射分量fPAR与NDVI间有较好的线性关系（Fensholt et al.，2004；Myneni et al.，2002；Myneni & Williams，1994）。因此，可以利用NDVI与fPAR之间的线性关系来求取fPAR。其中，NDVI数据运用美国的EOS/MODIS遥感数据生成，影像的分辨率为250m。NDVI计算公式为：

$$\mathrm{NDVI}=\frac{R_n-R_r}{R_n+R_r}$$

式中，R_n和R_r是卫星传感器的近红外波段和红光波段的反射率。在遥感软件支持下对MODIS数据进行定标定位、投影变换、几何采样和重采样处理，并采用最大值合成法（MVC）由日NDVI数据，生成月NDVI数据。

在进行冬小麦估产中，可利用NASA-MOD15提供的fPAR与NDVI的关系（Myneni et al.，1999）。其计算方式如下所示，同时NDVI与fPAR间分段关系如图4-2所示。

$$\mathrm{fPAR}=\begin{cases}0 & \mathrm{NDVI}\leqslant 0.075\\ \min(1.161\,3-0.043\,9\times \mathrm{NDVI},0.9) & \mathrm{NDVI}>0.075\end{cases}$$

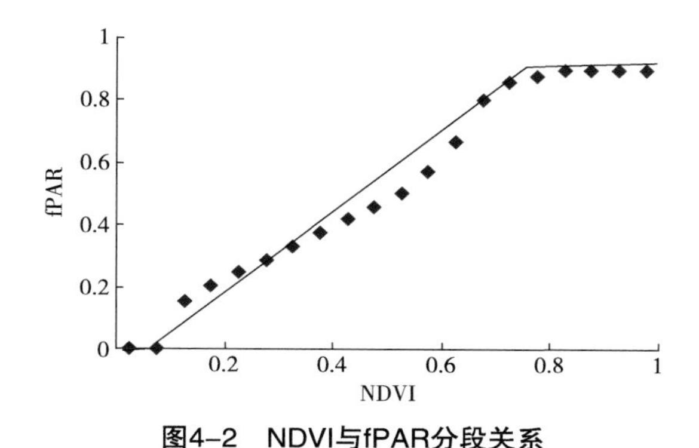

图4-2 NDVI与fPAR分段关系

Fig. 4-2 Relationship between NDVI and fPAR

4.3.3 光能转化为干物质效率ε的确定

光能转化干物质效率ε与作物种类和温度、降水等条件有关。研究结果表明植物光能转化为干物质的效率在0.42～3.8gC·MJ^{-1} PAR间变化（Goetz & Prince，1999；Goetz et al.，1999），其中单位gC·MJ^{-1} PAR表示被植物吸收的单位光合有效辐射能量与转化为植物体干物质量间的关系。但经验表明该系数对作物生态系统而言，其值仅在1.1～1.4gC·MJ^{-1} PAR间呈微小变化，特别是C_3植物大都在此范围内（如冬小麦等植物）；但对于自然生态系统而言，该值变化却较大（Russell et al.，1989）。许多学者在NPP的计算中均将光能转化干物质效率ε看作常数，如Heimann等（1989）基于APAR的全球NPP模型。Ruimy等（1994）在其NPP模型中考虑了不同植被类型，给不同生态系统分配了不同的值，但也没有考虑随环境的变化，也没有考虑在群落内部的变化。Baret等（1989）通过研究认为冬小麦的光能转化为干物质效率在整个生长周期中是个相对的常数，但是受到温度、降水等气候因素的影响。因此，考虑到黄淮海平原冬麦区温度和降水的适宜性、本研究区范围小及气候条件的均一性，综合部分冬小麦光能转化为干物质效率ε的研究结果（Bastiaanssen & Ali，2003；Goetz & Prince，1999；Green，1987；Gregory et al.，1992），取其均值，最后将本研究区内冬小麦3—5月光能转化为干物质效率ε定为常数1.25gC·MJ^{-1} PAR。

4.4 数据准备与处理

4.4.1 遥感数据的准备与处理

本研究使用的数据包括月光合有效辐射PAR、月光合有效辐射分量fPAR、月MODIS-NDVI和月TOMS紫外反射率数据等。考虑到该研究区冬小麦物候特点，研究的时间范围是3—5月，因为该时间范围是研究区内冬小麦产量形成的关键期，其光合作用最为活跃，对冬小麦干物质的形成最为关键。期间主要经历冬小麦的返青期、起身期、拔节期、抽穗期、灌浆期、乳熟期等。以上数据均由相应日数据生成。其中，本研究中采用双标准纬线等积圆锥投影（ALBERS），其中，第一标准纬线为25°0′0″N；第二标准纬线为47°0′0″N；中央经线为105°0′0″E，纬向偏移和经向偏移均为0，椭球体为KRASOVSKY，坐标系为Beijing 1954。

4.4.2 验证数据的准备

为了验证生成NPP的精度，本研究在研究区布置了83个样区，每个样区不小于500m × 500m，且布置样区时注意代表性和分布均匀性，地面验证数据采集时间为2004年6月上旬冬小麦成熟期。每个样区内的采集点不小于3个，且对冬小麦进行实割实测的测产工作（包括地上、地下部分），最后采集的数据主要是每个样区的冬小麦产量和收获指数等。

4.5 结果与分析

4.5.1 光合有效辐射PAR的生成

光合有效辐射主要通过TOMS传感器紫外反射率生成。结果如图4-3至图4-5所示，可以看出3—5月每月的光合有效辐射的分布状况。可见，在2004年3月90%以上研究区区域的光合有效辐射都在450～500MJ・m^{-2}。4月研究区90%以上的区域光合有效辐射达到310～350MJ·m^{-2}。5月时，90%以上的研究区域光合有效辐射达到375～395MJ·m^{-2}，少部分地区在395～405MJ·m^{-2}。

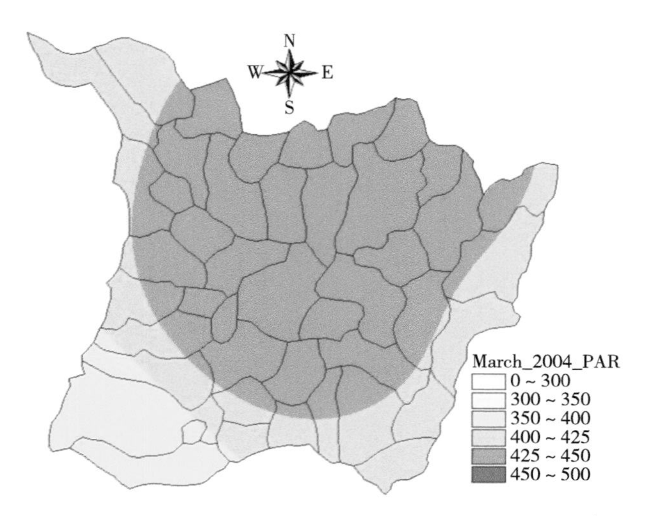

图4-3 2004年3月光合有效辐射分布（单位：MJ·m^{-2}）

Fig. 4-3 Distribution of PAR of March，2004

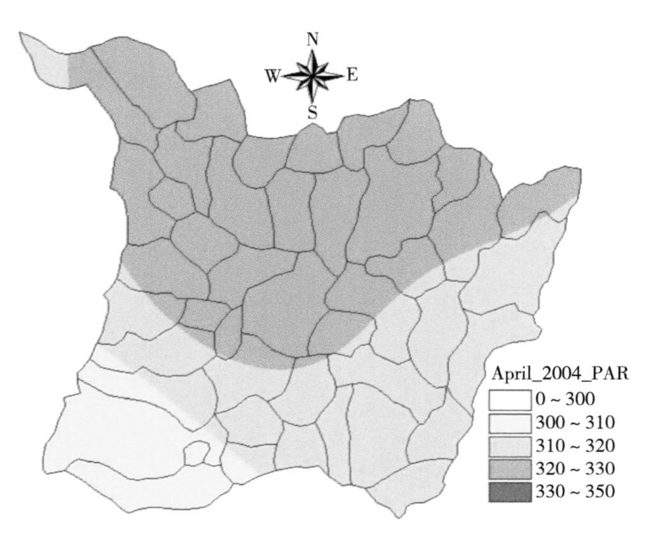

图4-4 2004年4月光合有效辐射分布（单位：MJ·m^{-2}）

Fig. 4-4 Distribution of PAR of April，2004

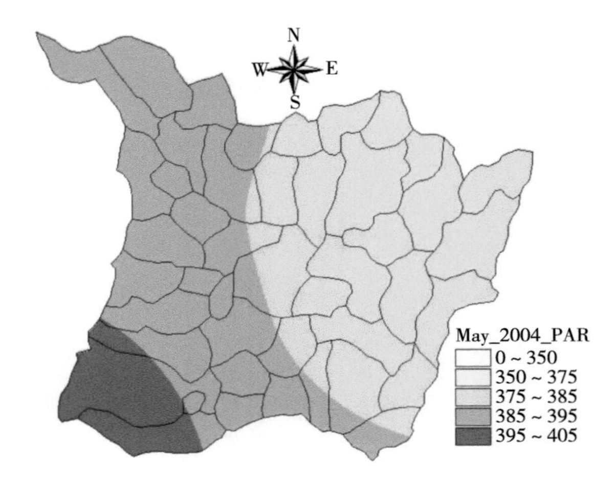

图4-5　2004年5月光合有效辐射分布（单位：MJ · m^{-2}）

Fig. 4-5　Distribution of PAR of May，2004

4.5.2　光合有效辐射分量fPAR的生成

2004年3—5月的光合有效辐射分量结果如图4-6至图4-8所示。可以看出3月比4月和5月的fPAR低，4月的平均fPAR值最大。这种fPAR的变化趋势与研究区冬小麦长势状况是一致的。其中，该研究区的中西部地区由于水热

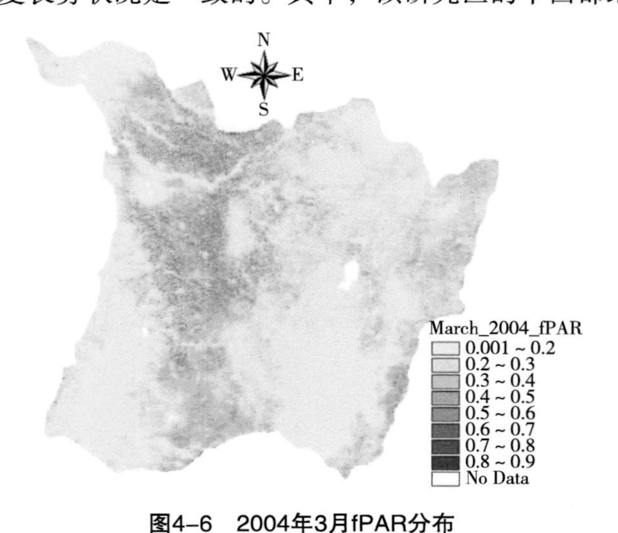

图4-6　2004年3月fPAR分布

Fig. 4-6　Distribution of fPAR of March，2004

条件和土壤条件均比较适合冬小麦生长，是该研究区中的高产区和稳产区。因此，从图中可以看出研究区中西部的fPAR值比其他区域高的趋势。

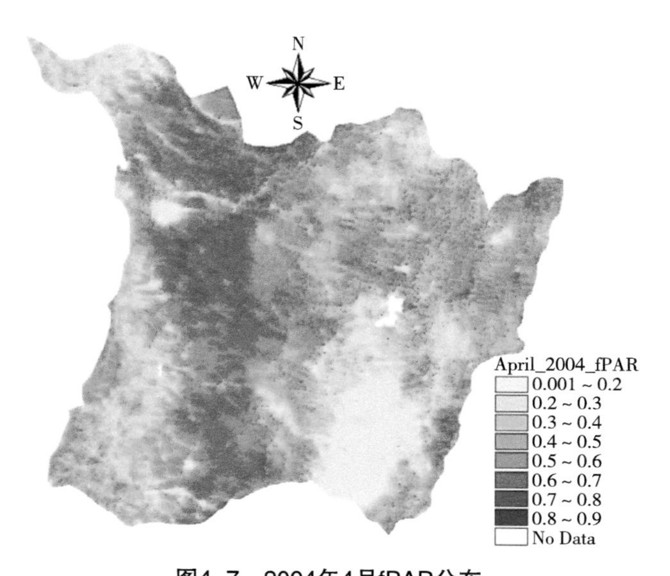

图4-7　2004年4月fPAR分布

Fig. 4-7　Distribution of fPAR of April，2004

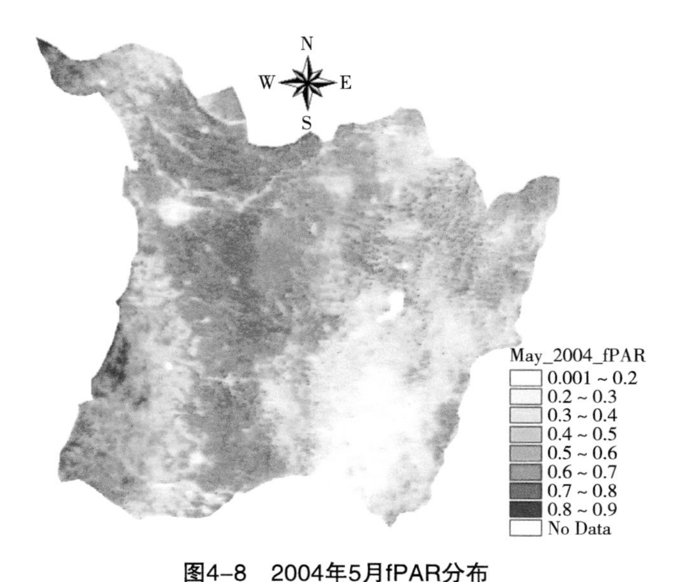

图4-8　2004年5月fPAR分布

Fig. 4-8　Distribution of fPAR of May，2004

4.5.3 NPP的生成

从图4-9至图4-12的NPP分布图可以看出，2004年3—5月该区的NPP的空间差异还是很大的，且逐渐增加的。3月该地区东部和西部的NPP一般在50～125gC·m^{-2}。而中部NPP在125～175gC·m^{-2}。而进入4月，冬小麦

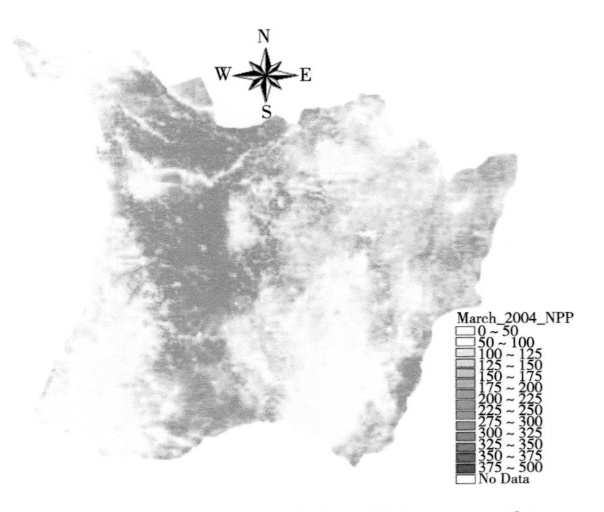

图4-9　2004年3月NPP分布（单位：gC·m^{-2}）

Fig. 4-9　Distribution of NPP of March，2004

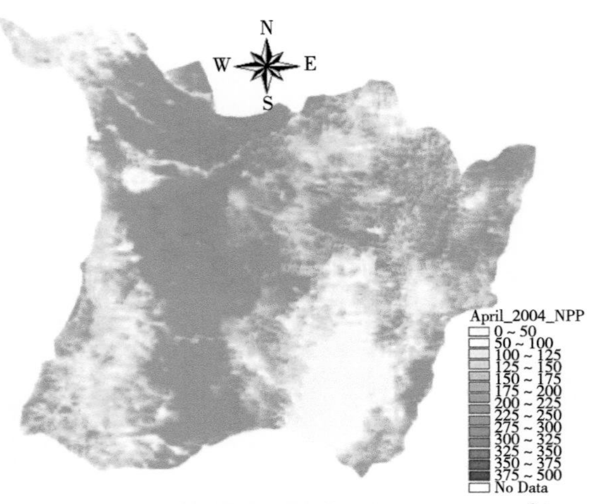

图4-10　2004年4月NPP分布（单位：gC·m^{-2}）

Fig. 4-10　Distribution of NPP of April，2004

生长开始进入旺盛期，此时NPP在200～250gC・m^{-2}。进入5月，大部分地区NPP均在200gC・m^{-2}以上。而在3—5月累积的NPP中，3月、4月和5月的NPP分别大约占24.48%、32.40%和43.12%。

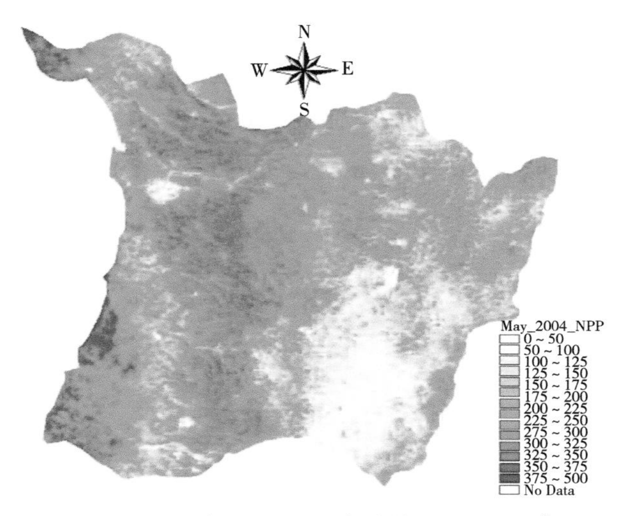

图4-11　2004年5月NPP分布（单位：gC・m^{-2}）

Fig. 4-11　Distribution of NPP of May，2004

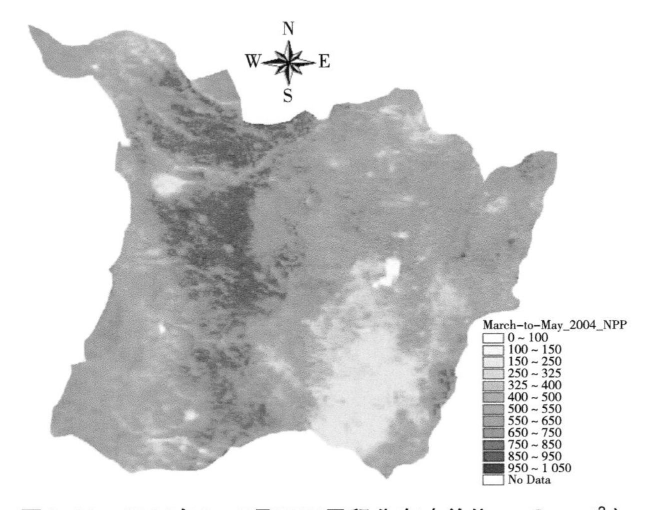

图4-12　2004年3—5月NPP累积分布（单位：gC・m^{-2}）

Fig. 4-12　Distribution of Cumulated NPP of March to May，2004

4.5.4 NPP地面验证

4.5.4.1 NPP模拟效果验证方法

作物NPP的形成受许多因素的影响，如作物自身生理因素和各种环境因素等。而且在研究过程中对很多生态系统过程进行了简化处理，因此，不可避免地出现NPP模拟值与实际值之间的差异。同时，数据处理过程中，涉及空间尺度的信息转换问题，如光合有效辐射的内插，这些过程均能导致模拟结果产生误差。基于以上原因，对NPP的模拟预测值加以验证和检验是重要研究工作之一。

区域NPP的评价方法有两种：一是与实测数据对比；二是与其他模型的计算结果进行对比。采用与实测NPP数据对比的方法，需要大量的地面调查数据，工作量较大。同时，由于计算NPP过程中采用的遥感数据的分辨率较低，因此，调查样点NPP时应注意样区选择的典型性和代表性，同时，进行样区NPP调查时，应进行多点随机采样，并将样区内多点采样结果进行平均处理，从而得到该样区内NPP较为合理的结果。不同NPP模型的模拟结果相互比较是验证NPP模拟效果的另外途径之一。但是从现有文献看，不同模型间模拟结果的差异都较大。尽管一些模型利用实际调查结果进行了模型校正，但仍然存在类似情况（朱文泉，2005；Cramer et al.，1999）。本研究由于研究区域较小，且进行了大量的地面生物量调查工作，因此，采用与实测数据对比的方法，对模拟的NPP效果进行验证。

本研究中利用实测数据进行NPP模拟验证时，主要步骤包括：一是进行典型冬小麦样区的选择。选择样区一方面考虑冬小麦的长势、产量代表性，另一方面考虑所选择样区在研究区内分布的均匀性；二是在冬小麦成熟期，进行冬小麦产量调查。产量调查时，在研究样区内随机选择3～5个采样。每个采样点面积2m^2。然后将冬小麦麦穗和带根茎秆分开取样，然后分别进行小麦籽粒产量实测并进行烘干称重，茎秆部分也进行烘干称重。为了使量测产量更为准确，地面调查时在每个样点还需进行小麦行间距量测和沟渠所占比例量测，最后折算出单位面积实际小麦种植数量；三是将冬小麦籽粒产量、带根的茎秆重量相加，得到冬小麦生物量。然后，进行NPP模拟值验证时，可以利用冬小麦有机体碳素含量（常数），将冬小麦NPP的模拟值换算成冬小麦的干物重，然后与冬小麦地面实测干物重进行比较。

4.5.4.2 研究区NPP模拟结果验证

本研究区域内的冬小麦在3月开始进入返青期，到5月底为止，冬小麦依次进入起身期、拔节期、抽穗期、孕穗期、开花期、乳熟期等。从3月初开始冬小麦生长量逐渐增加，NPP也逐渐增加，而且NPP逐渐累积，直到冬小麦逐渐停止光合作用为止。因此，可以通过研究3月、4月和5月NPP的累积和与地面实测产量的关系，来实现地面验证。由于冬小麦生物体中碳素含量在45%左右，α值约为2.22，因此，根据这一关系将NPP换算成冬小麦干物质量（Schlesinger，1997）。然后可以研究3—5月NPP累积和转化的冬小麦干物质量与地面实测冬小麦干物质量之间的关系。为了减少误差，可以在计算出的NPP空间分布图上，利用对应地面调查点周围直径500m范围内NPP的平均值，来研究平均NPP与冬小麦地面实测点生物量之间的关系，这一目标可以通过建立调查点缓冲区来实现。实际地面调查点及其缓冲区如图4-13所示。NPP累积和转化的冬小麦干物质量与地面实测冬小麦干物质量之间的关系见图4-14。

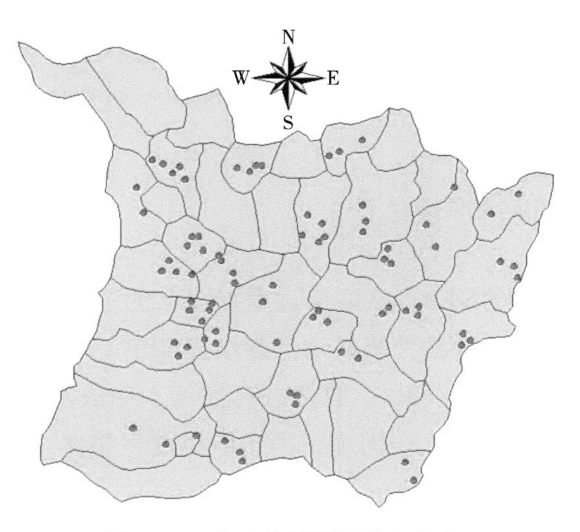

图4-13 冬小麦地面调查点分布

Fig. 4-13 Distribution of ground survey point

可以看出，样方地上生物量与通过NPP计算预测的冬小麦生物量之间基本呈线性关系，但模拟直线的斜率偏低，即通过计算的NPP转化的生物量比实际调查地上生物量高一些，其可能原因是进行地面生物量调查时未考虑地面凋落物的质量及调查时部分调查点有叶片和籽粒的损失，从而导致实际调查的生物量偏低。但是为了验证整个试验区内NPP预测的效果，在研究区域内将实际地上生物量和预测NPP转化的生物量进行平均，最终计算得出的实际生物量平均为1 496.60g · m^{-2}，通过NPP计算的生物量平均为1 432.25g · m^{-2}，绝对误差为-64.35g · m^{-2}，相对误差为-4.30%。因此，在一定区域内该方法估测的NPP的精度是令人满意的。这为利用作物NPP进行冬小麦估产提供了较好的基础。

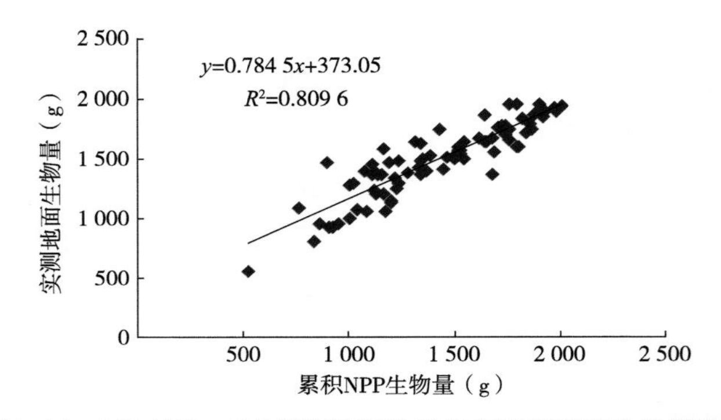

图4-14　2004年3—5月累积NPP生物量与实测地面生物量关系

Fig. 4-14　Comparison between the predicted biomass from the cumulated NPP and actual biomass

4.5.5　利用NPP进行产量估计

通过计算区域内的NPP，然后通过叠加以县为基本单位的冬小麦种植现状图，即可得到该区域各县种植耕地上冬小麦NPP（图4-15）。然后再将实际调查的冬小麦收获指数（HI）数据进行插值，生成250m分辨率的冬小麦收获指数栅格图（图4-16）。同理，由于冬小麦生物体中碳素含量在45%左右，α值约为2.22（Schlesinger，1997），根据这一关系在ArcInfo的GRID模块下便将NPP换算成冬小麦干物质量，然后在GRID模块下将冬小麦干物质的量与冬小麦收获指数相乘，即可得到区域内单位面积的冬小麦产量。然后将区域内耕地栅格上的冬小麦单位面积产量进行平均，可得到该区域冬小麦平均单位产量。冬小麦单位面积产量乘以区域或各县冬小麦种植栅格数量，即可得到区域或各县冬小麦产量。本研究以2004年数据为例，通过计算NPP，对研究区进行了冬小麦产量估计（图4-17）。

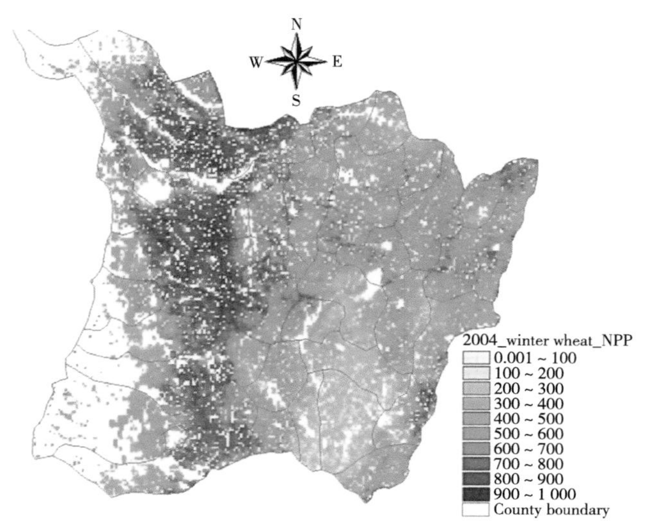

图4-15　2004年3—5月耕地NPP分布（单位：gC・m^{-2}）

Fig. 4-15　Distribution of NPP on arable land

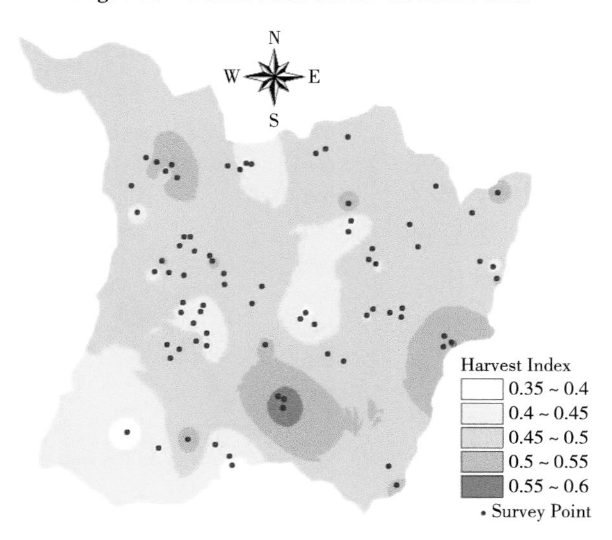

图4-16　2004年冬小麦收获指数分布

Fig. 4-16　Harvest Index of winter wheat in 2004

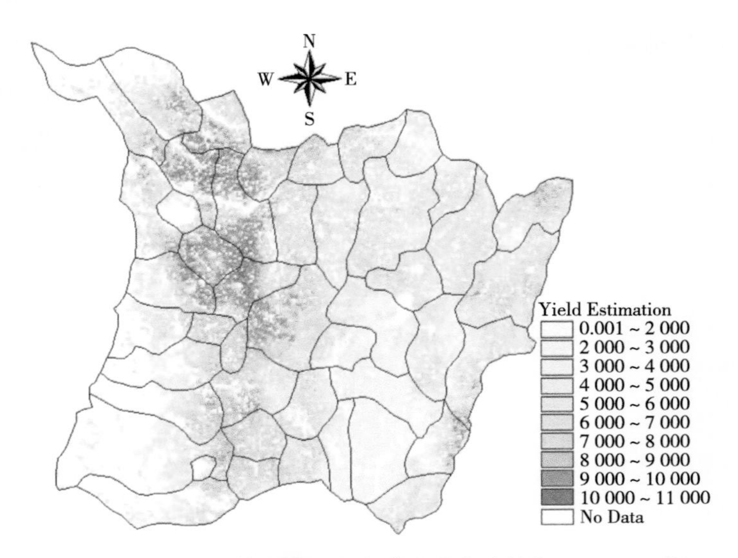

图4-17　利用NPP估测的2004年单产分布（单位：kg·hm^{-2}）

Fig. 4-17　Distribution of estimated yield depending on NPP in 2004

4.5.6　产量精度验证

由于冬小麦的收获指数受冬小麦品种影响较大，且最终产量由NPP和收获指数决定。因此，有必要进一步进行预测产量精度验证。同样，验证产量精度时，同样，首先生成统计调查点位置500m半径的缓冲区，然后计算500m范围内估测的冬小麦产量，然后再和该点实际调查单产对比。预测的冬小麦单产和实际调查的冬小麦单产之间的关系如图4-18所示。并将所有调查点的绝对误差平均，其值为-173.89kg·hm^{-2}，其平均相对误差为-4.41%。

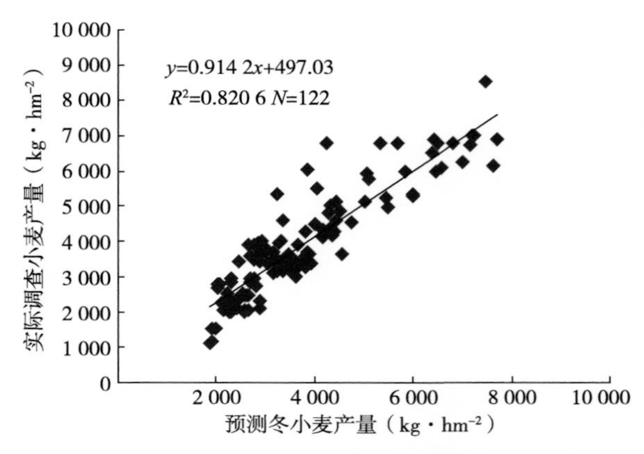

图4-18　冬小麦实际调查产量和预测产量的关系

Fig. 4-18　Relationships between estimated yield result and actual winter wheat yield

4.6　本章小结

（1）本研究运用NPP参数模型计算冬小麦关键生育期内累积NPP，通过转化为干物质的量，然后利用作物收获指数的校正，最终得到冬小麦的产量空间分布状况。而且通过与田间冬小麦实际调查生物量和产量进行比较，对预测得到的NPP和冬小麦产量进行了验证。在对NPP结果进行验证时，将预测的NPP转化为生物量，然后与实际生物量比较，研究区内实际生物量平均为1 496.60g·m^{-2}，通过NPP计算的生物量平均为1 432.25g·m^{-2}，绝对误差为-64.35g·m^{-2}，相对误差为-4.30%。研究区内预测产量与实际产量绝对误差平均为-173.89kg·hm^{-2}，平均相对误差为-4.41%，其精度可以满足目前农作物估产工作的要求，进一步说明本研究通过计算NPP方法进行冬小麦单产估测具有一定可行性。

（2）本研究在计算NPP时，采用了覆盖全球的TOMS传感器紫外反射率计算光合有效辐射（PAR），对实现大范围作物估产，甚至全球作物估产具有重要意义。同时，与以往采用低分辨率NOAA-AVHRR计算光合有效分量相比，本研究采用较高分辨率的MODIS影像，对提高光合有效分量的计算精度具有重要意义。另外，本研究目前仅尝试基于NPP估算，进而利用地上生物量—收获指数修正的方法获得作物单产估算结果，该种方法在大范围作物单产估算中具有一定应用潜力。随着国内外遥感数据源的不断丰富，基于地上生物量—收获指数修正的思路，充分利用其他遥感数据（如MODIS、国产高分数据等）和各类NPP模型（如CASA、GLO-PEM、Cfix、Cflux、EC-LUE、VPM、VPRM模型等）（Liu et al.，2010；程志强等，2015），开展高精度反演作物NPP支持下的地上生物量—收获指数修正法作物单产估算研究将具有更加重要的意义。

（3）在fPAR的计算中，本研究利用了NASA-MOD15中提供的fPAR与NDVI的关系，而未做fPAR和NDVI相互关系的本地化研究，这一点应在进一步研究工作中得到加强；本研究中将光能转化为干物质效率ε作为常量处理。为了进一步提高估产精度，需要充分考虑具有空间变异性的温度、降水和湿度等自然条件对作物生长的影响，对ε参数做进一步深入研究将是下一个研究重点；此外，研究中将实际调查的冬小麦收获指数（HI）数据进行插值处理，得到收获指数空间分布信息，这种做法尽管比将收获指数设置为常数有所改进，但与实际收获指数的空间变异还是有一定差别。因此，充分利用遥感信息（如时序植被指数、田间环境因子遥感反演信息等）开展作物收获指数的定量估算，获得高精度收获指数的空间分布信息需要进一步深入研究（杜鑫，2010；任建强等，2010；Li et al.，2011；李贺丽，2011）。

第5章　基于遥感和作物生长机理模型的作物估产方法

作物产量信息对于一个国家或地区的粮食安全预警、粮食流通贸易、管理部门决策具有至关重要的作用。传统的作物单产预测方法主要包括统计调查、农学预报和农业气象预报等。20世纪70年代，遥感技术开始应用于大面积作物产量预测。根据对作物单产形成机理描述程度的不同，遥感估产方法主要分为经验模型法、半机理模型法和机理模型法，上述方法各有特点和优势（Chen et al.，2008；陈仲新等，2016）。其中，经验模型直接采用遥感因子与作物单产间的关系，简单易行，在大范围作物单产模拟和预测中应用广泛，但方法本身涉及作物产量形成机理少；半机理模型也称为参数模型，其中Monteith的光能利用效率模型使用最广泛，但一些参数（如光能利用效率系数和收获指数）难以定量模拟；作物生长模型是目前作物估产中最有发展潜力的机理模型，其最大特点是机理性强，面向过程，可逐日连续模拟作物生长状况，但作物生长模型需要输入参数多，某些关键参数（如田间管理和作物品种信息等）难以在区域范围内准确获得，在一定程度上限制了作物生长模型在大范围作物估产中的广泛应用。

随着遥感技术的不断发展，多时相、多波段、多空间分辨率及多角度遥感数据产品陆续推出，其即时性强、区域覆盖（空间连续）等特点与作物生长模型机理性强、面向过程（时间连续）等优势构成了良好互补关系，二者的结合不仅可以保证监测与预测结果的时间连续性，而且空间上完全覆盖，从而一定程度上消除监测与预测结果时间维和空间维的信息空洞，大大提高作物监测与预测的区域精度。因此，将遥感信息与作物生长模型耦合，利用实时遥感信息进行模型关键参数校正或替代其中部分中间模拟变量，提高作物生长模型模拟精度，使作物生长模型从单点模拟发展到区域应用，成为近年国际上遥感信息农业应用研究的一个热点，国内学者也开展了一些相关研究（Delecolle et al.，1992；Reynolds et al.，2000；Ma et al.，2008；杨鹏等，2007；de Wit et al.，2012；Wang et al.，2013；黄健熙等，2015；黄健熙等，2018）。此外，利用雷达信息同化作物模型进行小范围作物单产模拟也取得了一些有价值的研究成果（申双和等，2009；Dente et al.，2008）。可见，随着基于遥感数据同化作物生长模型进行作物产量模拟技术的出现和应用，利用作物生长模型进行区域范围空间化作物产量模拟和预测已经成为现实。

目前，遥感数据同化作物生长模型主要应用于作物估产、作物长势监测和农业资源管理等方面。遥感信息与作物生长模型的结合方法主要采取驱动法和同化法两种（Delecolle et al.，1992；Moulin et al.，1998；Launay & Guerif，2005）。其中，同化法（I）主要通过遥感数据反演作物冠层参数（如LAI）调整模型的相关参数和初始值，当调整后的模型参数与遥感反演参数相差最小时，便将调整后的初始值和参数值作为模型初始值和参数；同化法（II）主要通过作物生长模型与辐射传输模型的耦合，直接使用遥感光谱反射率（或各种植被指数）调整作物生长模型的关键参数或初始值，实现作物生长模拟过程的优化。目前，同化变量的种类较多且不断增加（如NDVI、EVI、TSAVI、土壤水分指数SWI、ET和物候信息等），同化变量也在由一种向同时同化多种变量发展（de Wit & van Diepen，2007；Dorigo et al.，2007）。

在遥感信息与作物生长模型同化研究中，优化算法的选择是影响模拟结果准确性的关键环节，一般的最优算法包括下降算法、模拟退火、遗传算法和神经网络等（Kimes et al.，2000；Fang & Liang，2003）。目前，国际上应用较多的优化算法以变分和滤波算法为主，其中，四维变分（4-VAR）和集合Kalman滤波算法（EnKF）为典型代表（Dente et al.，2008；de Wit & van Diepen，2007）。近年来，复合形混合演化（Shuffled Complex Evolution-University of Arizona，SCE-UA）算法逐步应用到基于遥感数据同化的区域作物产量与长势模拟研究中（秦军，2005）。研究表明，全局优化的SCE-UA算法可有效提高作物产量预测的精度和效率（赵艳霞等，2005；闫岩等，2006）。国内学者利用SCE-UA优化算法和实测LAI数据进行同化作物生长模型的作物长势和产量模拟，也得到相同的结论（Ren et al.，2009），这为将遥感信息同化作物生长模型应用于区域作物单产模拟和预测奠定了较好基础。本研究是在前期利用SCE-UA优化算法和实测作物LAI数据同化作物生长模型进行产量模拟相关研究基础上，在区域范围内进一步开展基于遥感信息同化生长模型的作物单产模拟研究。其中，采用的作物生长模型为EPIC模型，采用的算法为全局优化的复合形混合演化算法（SCE-UA），研究作物为夏玉米。

5.1 研究区概况

本章研究区域（E115.19°～116.53°，N37.09°～38.36°）为河北省衡水市11个县（市），覆盖面积8 815km^2（图5-1）。该区属于温带半湿润季风气候，大于0℃积温4 200～5 500℃，年累积辐射量5.0×10^6～5.2×10^{6}kJ·m^{-2}，无霜期170～220天，年降水量平均500～600mm，主要集中在7—9月。该区主要耕作制度为冬小麦—夏玉米的一年两熟制。其中，研究作物夏玉米播种期一般为每年5月下旬至6月下旬，成熟期为9月下旬至10月上旬，但6月上旬至6月中旬是该区夏玉米集中播种时间。本研究在2004年、2008年共设置地面调查样区75个（图5-1）。其中，2004年布设调查样区29个，2008年布设样区46个。

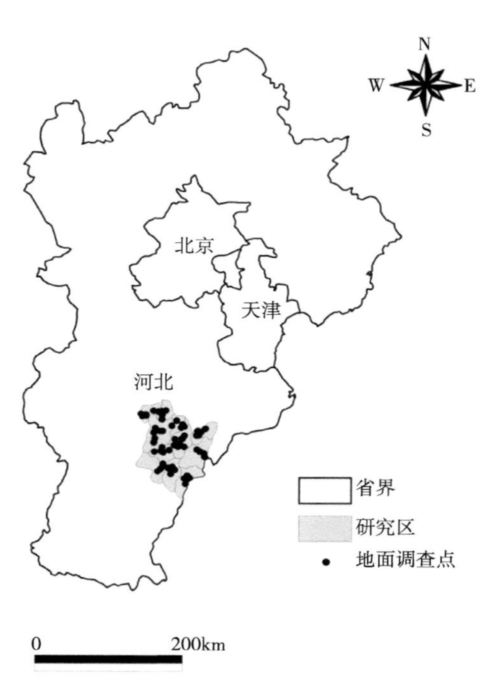

图5-1 研究区位置示意图

Fig. 5-1 Location of the study area

5.2 研究方法

本研究首先在作物生长模型参数灵敏度分析基础上开展土壤、田间管理和作物参数等模型参数本地化。然后，将1km标准网格图、土壤分布图（1：400万）和县级行政区划图（1：400万）等叠加，得到不规则多边形的作物模拟基本单元。在此基础上，统计每个模拟单元中作物的空间气象数据、遥感LAI和土壤信息等的平均值。在上述模拟基本单元气象、土壤、田间管理等参数驱动下，将模拟LAI作为优化比较对象，当模拟LAI与遥感LAI相差最小时，最小目标函数值所对应的模型初始值即为最优参数值，最终，输出作物单产等信息（图5-2）。其中，优化算法为全局优化的复合形混合演化算法（SCE-UA），待优化参数是对作物产量和叶面积指数均有显著影响的参数，如作物播种日期、种植密度、施肥量和最大潜在叶面积指数等。

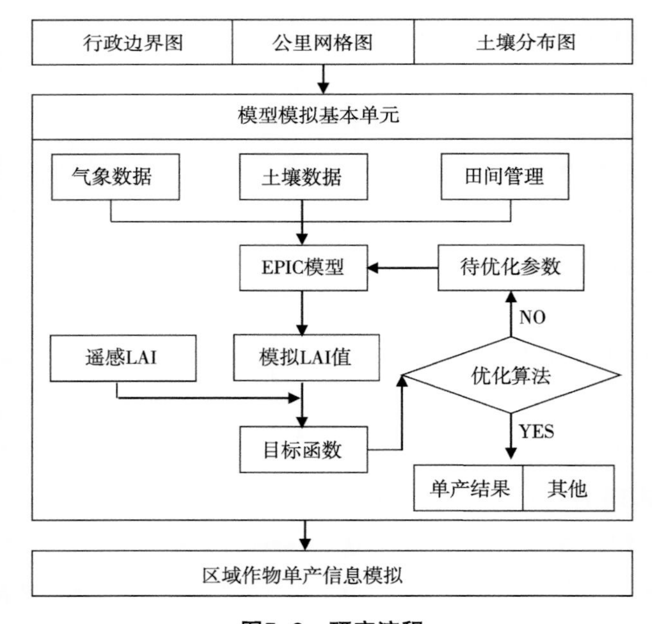

图5-2 研究流程

Fig. 5-2 Flowchart of the research

5.2.1 EPIC作物生长模型

EPIC模型是美国农业部农业研究中心（USDA-ARS）于1984年开发推出的研究土壤侵蚀与作物单产关系的作物生长模型，模型原名“Erosion Productivity Impact Calculator”，后更名为“Environmental Policy Integrated Climate”。该模型在逐日气象要素（如太阳辐射、最高气温、最低气温、降水量和风速等）驱动下，主要通过最大叶面积系数、叶面积变化“S”形曲线形态参数和叶面积下降速率等作物参数估算光截获数量的叶面积动态变化，模拟被作物吸收的太阳辐射能转化为作物干物质的数量，最后，通过地上部生物量和收获指数计算作物经济产量，进而实现作物单产的模拟（Williams et al.，1989；Jones et al.，1991）。其中，作物叶面积指数变化是贯穿模型模拟作物单产全过程的关键参数，其增长和变化受作物生长的温度、水分和养分等因素影响。目前，通过输入气象数据、土壤数据、作物参数和田间管理等数据，EPIC模型已经被应用于全球多个样点10多种作物的单产研究（Easterlinga et al.，1998；Tan & Shibasaki，2003）。

5.2.2 复合形混合演化算法（SCE–UA）

复合形混合演化（SCE-UA）算法是Duan于1992年针对降水—径流水文学模型校正问题提出的一种全局优化算法，其综合了控制随机搜索算法和遗传算法的优点，是到目前为止对于非线性复杂模型采用随机搜索方法寻找最优值最为成功的方法之一（Duan et al.，1992）。SCE-UA算法采用了竞争演化和复合形混合的概念，继承了全局搜索和复合形演化的思想，大大提高了算法的计算效率和全局搜索整体最优的能力（Duan et al.，1993；Duan et al.，1994）。但是，SCE-UA优化算法与一般优化算法不同，不仅具有全局优化和计算效率高的特点，而且算法对待优化参数初始值不敏感的特点，避免了优化过程对先验知识的过分依赖，使得程序在应用中具有较高的可操作性。上述特点对大范围业务化估产工作中数据信息（特别是地面数据）经常处于不完备状态下的作物产量模拟至关重要。基于此，本研究在前人工作基础上，将该算法应用于EPIC作物生长模型同化中，并对其优化效果进行验证。其中，优化目标函数如下：

$$y=\sum_{i=1}^{n}\left(\mathrm{LAI}_{\mathrm{simi}}-\mathrm{LAI}_{\mathrm{obsi}}\right)^2$$

式中，n为外部同化LAI数据的个数；$\mathrm{LAI}_{\mathrm{simi}}$为模型模拟作物叶面积指数；$\mathrm{LAI}_{\mathrm{obsi}}$为外部数据遥感叶面积指数。为验证优化算法的可行性，待优化参数的初始值均为值域内的随机值。当与外部遥感LAI进行同化时，优化算法独立运行100次。当遇到下列3种情况时，优化过程结束，即一是临近5个最优目标函数值之差的绝对值小于0.001；二是计算目标函数的次数超过10 000次；三是待优化参数的值收缩到预定的较小的值域内。如果在第一种情况下优化过程结束，则认为优化成功。优化成功后与最小目标函数值相对应的EPIC模型初始值，称为“最优参数值”。反之，则认为优化过程失败。本研究所有优化过程的成功率为100%。

5.2.3 模型本地化

参考前人对EPIC模型进行局部或全局灵敏度分析基础上，确定对作物产量模拟影响显著的参数（吴锦等，2009）。主要包括能量—生物量转换参数（WA）和作物收获指数（HI）、最大潜在叶面积指数（DMLA）、生长季峰值点（DLAI）、无胁迫下作物叶面积生长曲线参数1（DLP1）、无胁迫下作物叶面积生长曲线参数2（DLP2）和叶面积指数下降率参数（RLAD）等参数。通过灵敏度分析可知，上述参数中WA和HI是对模拟产量结果准确性贡献较大的参数，而其他参数对产量模拟结果灵敏度较低。另外，由于DMLA、DLAI、DLP1、DLP2和RLAD受作物品种影响较大，对于大区域作物模型本地化时作物品种信息较难获取。因此，为了增强研究的可操作性，本研究对上述众多本地化参数进行简化，仅对WA和HI进行本地化处理，而其他主要参数作为同化过程中的优化对象。

本研究中，模型关键参数本地化的思路同样采用同化策略筛选本地化参数最佳值，即在模拟单元气象、土壤、田间管理和作物参数的驱动下，将模拟单产作为优化比较对象，当模拟作物单产与地面实测单产相差最小时，最小目标函数值所对应的模型初始值即为本地化参数的最优值（图5-3）。其中，优化算法为复合形混合演化算法（SCE-UA），待优化参数为对作物产量和叶面积指数均有显著影响WA和HI。

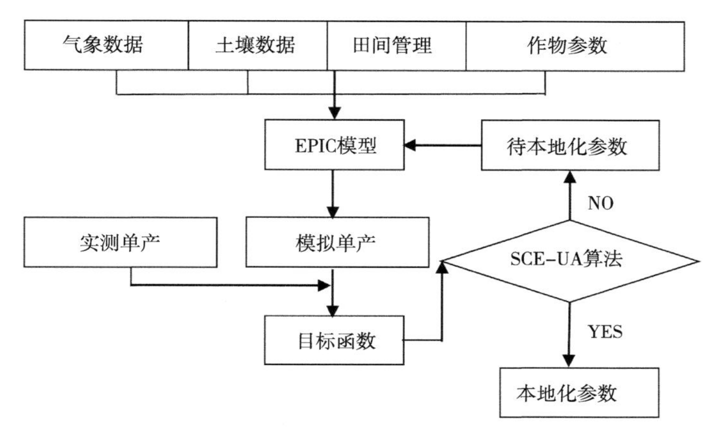

图5-3　EPIC模型参数本地化流程

Fig. 5-3　Flowchart of EPIC model parameters localization

5.2.4　模型同化参数确定

由于作物叶面积指数的准确性高低对作物长势好坏和产量高低具有重要影响。基于前人的研究结果，本研究在模型本地化基础上，将作物叶面积指数进一步优化比较对象，以便进一步提高作物长势和作物产量模拟精度（Clevers & van Leeuwen，1996；Fang et al.，2008）。其中，DMLA、DLAI、DLP1、DLP2、RLAD、作物播种日期、种植密度和氮肥施用量等参数对产量和叶面积指数的模拟具有显著影响。因此，本研究将上述8个参数作为同化过程中的优化参数，具体流程见图5-2所示。

5.2.5　模型区域化

本研究首先叠加标准网格图、土壤分布图和县级行政区划生成不规则作物模拟单元。然后，将插值后的空间气象数据、遥感叶面积指数等按照作物模拟单元进行分区统计，得到每个模拟单元下的模型驱动参数。将每个模拟单元下的模拟LAI与遥感反演LAI相差最小时的模型参数，作为模型最优参数，在此基础上，输出每个模拟单元下的作物单产、播种日期、施肥量和种植密度等信息。最后，将输出结果数据的空间分辨率重采样生成250m栅格数据。

5.3 数据准备与处理

5.3.1 基础数据收集与处理

EPIC模型需要输入的基础数据为气象数据、土壤数据和田间管理数据。气象数据包括日太阳辐射、日最高温度、日最低温度、日降水量、日相对湿度和日风速数据。其中，气象数据为站点数据，需要利用Kriging插值法进行空间插值，插值格网大小为250m。土壤数据包括土层厚度、土壤机械组成、土壤容重、土壤pH值、土壤有机碳和碳酸钙含量等。田间管理数据包括施肥量、播种期、种植密度等。本研究所用气象数据为覆盖夏玉米生育期的2004年每日气象站点数据。由于大多数站点获取日太阳辐射数据存在一定的困难，本文根据每日日照时数数据来模拟日太阳辐射数据（Yang et al.，2006）。太阳辐射的计算公式如下所示：

$$R = t_c \times R_{clear}$$

式中，R为实际太阳辐射；t_c为参数；R_{clear}为晴天太阳辐射；t_c的计算公式如下所示：

$$t_c = 0.250\,5 + 1.146\,8 \times (\frac{n}{N}) - 0.397\,4 \times (\frac{n}{N})^2$$

式中，n为每日实际日照时数；N为每日潜在最长日照时数；R_{clear}的计算，参照Allen等（1998）的研究结果。

5.3.2　田间样区布设与观测

为收集田间夏玉米叶面积指数和作物实测单产数据，本研究在研究区域内共布设75个观测样区。其中，2004年布设调查样区29个，2008年布设样区46个。调查内容包括玉米播种期、出苗期、拔节期、大喇叭口期、抽雄期、吐丝期和乳熟期等关键期作物叶面积指数和最终玉米单产等信息。布设样区时，除去考虑样区布设均匀性和作物长势具有一定代表性外，每个观测样区面积均不小于500m × 500m，且样区位置采用差分GPS系统精确定位。各个样区采样点不少于3个，每个点的叶面积指数均采用直接收割量测法，并将样点LAI均值作为样区LAI观测值。玉米单产调查时，对每个样点量10垄行距计算平均行距，在10行之中选取有代表性的双行10m，果穗全部收获。然后，进行果穗晒干、脱粒和称量，计算出样点玉米单产。最后，将样点玉米单产的均值作为样区玉米实测单产。此外，为了对相关模拟结果进行验证，本研究对样区的播种日期、种植密度、纯氮施用量等田间管理信息也进行了收集。

5.3.3　基于MODIS植被指数的LAI反演

由于叶面积指数（LAI）是本研究中的模型参数优化比较对象，因此，需要获取准确的区域遥感叶面积指数。本研究采用BP（Back Propagation）神经网络，即多层前馈式误差反向传播神经网络进行各生育期LAI的反演。该方法是目前人工神经网络中最具代表性和广泛应用的一种，其优化策略不仅提高了LAI的反演速度，也在一定程度上提高了反演的精度（Fang & Liang，2003；马茵驰等，2009）。研究中利用3层结构BP神经网络模型（1输入层，1中间隐层，由10个节点组成，1个输出层）来反演研究区玉米LAI。其中，MOSIS NDVI为模型输入值，LAI为输出值，神经元激活函数为Sigmoid函数，样本训练采用错误回馈算法。为防止过度拟合，本研究预先定义模型学习次数为10 000次。

研究中，利用的数据为2004年和2008年75个地面样区玉米播种期—成熟期实测LAI数据以及相应生育期的MODIS NDVI指数。为增强LAI反演精度，将2004年、2008年75个地面样区调查数据和MODIS NDVI数据随机分为3部分：60%用于网络训练样本、20%用于网络性能检验样本、20%用于LAI反演结果测试数据。此外，MODIS NDVI数据是NASA网站（https://wist.echo.nasa.gov/）下载的16天合成250mNDVI数据，时间范围为第161天至第273天。数据处理主要过程如下。

5.3.3.1 数据处理

首先，将下载的2004年和2008年的MODIS NDVI数据SIN投影转换成Albers投影。然后，进行影像裁剪，得到衡水地区16天最大值合成的NDVI数据。最后，提取得到各个实测站点每16天的NDVI数据；由于实测点LAI的实际观测时间与MODIS NDVI的时间存在偏差，为了更准确地利用NDVI进行反演LAI，因此，需要对2004年和2008年实测LAI时间序列数据进行插值，得到与MODIS NDVI时间相一致的实测LAI。本研究利用Matlab软件中的样条插值程序对实测LAI时间序列进行模拟插值。

5.3.3.2 遥感LAI反演

将上述过程5.3.3.1得到的相同时间NDVI数据与LAI数据输入到BP神经网络中，利用45组训练数据和15组测试数据对BP神经网络进行反复训练和测试，最终得到训练稳定的每个时间序列的NDVI-LAI的BP神经网络模型。将2004年、2008年的MODIS NDVI数据输入相应时间的NDVI-LAI的神经网络模型，最终得到2004年、2008年主要生育期内16天间隔的LAI反演结果（图5-4）。通过利用2004年、2008年预留的20%实测点LAI数据对模型每个生育期遥感反演的LAI数据进行验证（表5-1），结果表明，采用BP神经网络方法获得的遥感LAI与实测LAI对比具有较好的相关性，且RMSE在0.29 ~ 0.63，可以满足大范围作物生长模型进行数据同化的要求。

表5-1 夏玉米叶面积指数遥感反演结果验证（2004年）

Table 5-1 Validation of LAI of summer maize retrieved from remote sensing

LAI时间	R^2	RMSE	LAI时间	R^2	RMSE
第161天	0.75	0.63	第225天	0.91	0.33
第177天	0.84	0.47	第241天	0.92	0.29
第193天	0.87	0.37	第257天	0.78	0.52
第209天	0.72	0.56	第273天	0.80	0.45

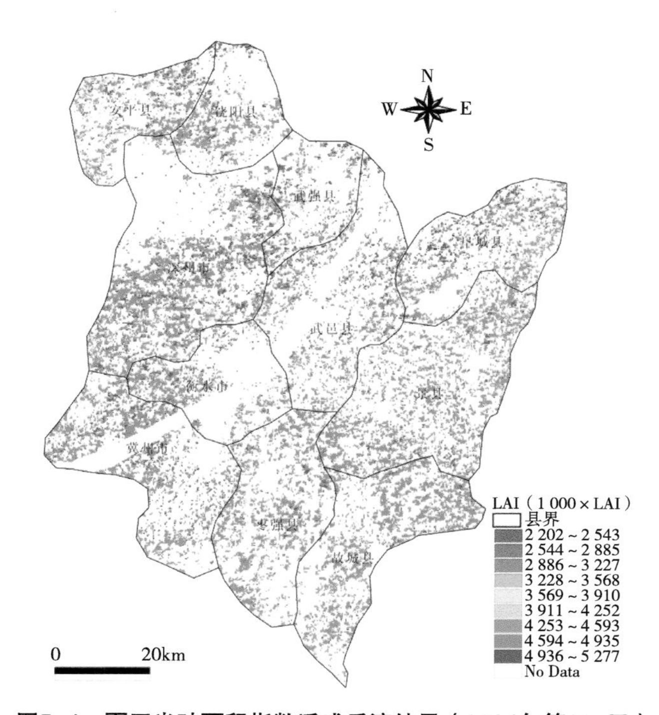

图5-4 夏玉米叶面积指数遥感反演结果（2004年第225天）

Fig. 5-4 Result of LAI of summer maize retrieved from remote sensing（225th day，2004）

5.3.4 其他数据

本研究需要的其他数据还包括2004年夏玉米作物分布图、2004年研究区县级作物单产统计数据等。其中，夏玉米作物分布图由农业部资源遥感与数字农业重点开放实验室提供；夏玉米单产统计数据由河北省衡水市农业农村局提供。

5.4 结果与分析

5.4.1 利用遥感LAI同化EPIC模型模拟夏玉米播种期

通过利用遥感LAI数据同化作物生长模型，得到2004年研究区夏玉米播种期空间分布信息（图5-5）。可见，研究区模拟的夏玉米播种期范围在147天（2004年5月26日）~178天（2004年6月26日），区域夏玉米平均模拟播种日期为第165天（2004年6月13日）。通过与2004年夏玉米播种日期实际调查点结果对比，区域平均实际播种日期为第162天（2004年6月10日），模拟区域夏玉米播种期绝对误差为3天，RMSE为4.16天（图5-6）。

另外，通过对模拟夏玉米播种日期结果进行分县统计可知，该区最早播种夏玉米的县为冀州市，最晚播种夏玉米的县为安平县，其中，安平县的平

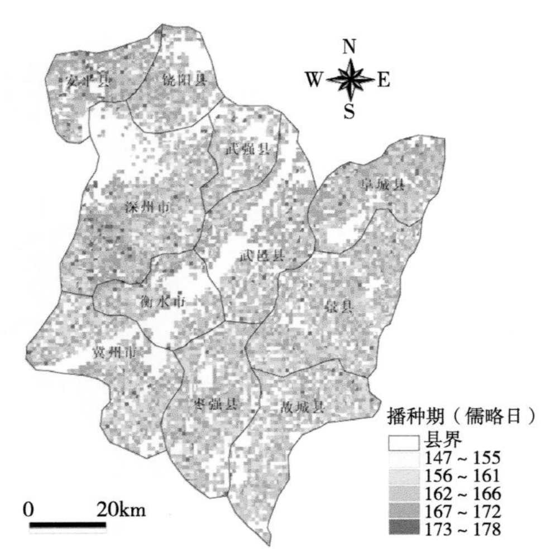

图5-5　夏玉米播种期模拟结果（2004年）

Fig. 5-5　Result of simulated sowing date of summer maize（2004）

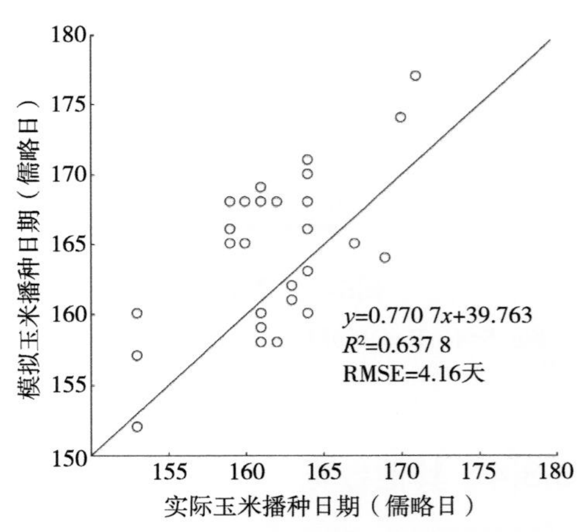

图5-6　夏玉米播种期模拟结果精度验证

Fig. 5-6　Validation of results of simulated sowing date of summer maize（2004）

均播种日期为第166天，冀州市平均播种日期为第163天。尽管区域内最早播种期和最晚播种期仅差3天，但仍体现出南部县市比北部县市夏玉米播种早的规律，因为研究区为小麦—玉米轮作区，越往南热量越高，小麦会成熟越早，因此，越往南夏玉米的播种日期越早。

5.4.2　利用遥感LAI同化EPIC模型模拟夏玉米种植密度

通过利用遥感LAI数据同化作物生长模型，得到研究区2004年夏玉米种植密度空间分布信息（图5-7）。可见，该区模拟单元的夏玉米种植密度结果变化幅度为3.69～9.99株·m^{-2}。通过与2004年地面实际调查数据对比，本研究区模拟的夏玉米平均种植密度为5.81株·m^{-2}，而实际调查夏玉米平均种植密度为6.30株·m^{-2}，模拟区域夏玉米种植密度的平均相对误差为-7.78%，但RMSE仅为1.0株·m^{-2}（图5-8）。

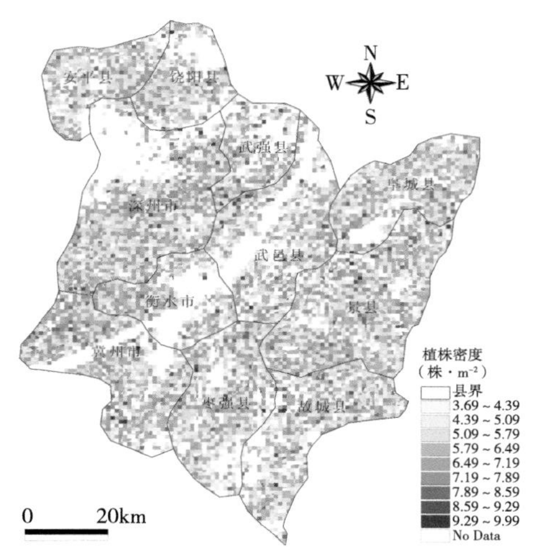

图5-7　夏玉米种植密度模拟结果（2004年）

Fig. 5-7　Result of simulated plant density of summer maize（2004）

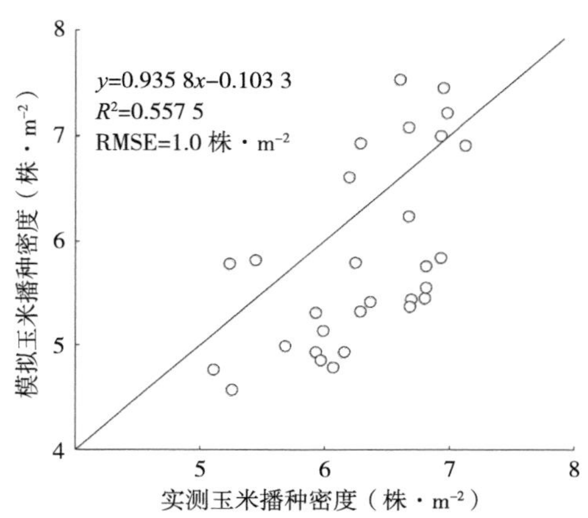

图5-8　夏玉米播种密度模拟结果精度验证

Fig. 5-8　Validation of results of simulated plants density of summer maize（2004）

5.4.3 利用遥感LAI同化EPIC模型模拟夏玉米纯氮施用量

通过利用遥感LAI数据同化作物生长模型，得到研究区2004年夏玉米纯氮施用量空间分布信息（图5-9）。从图可以看出，研究区模拟单元纯氮施用量的变化范围为31.45～399.07kg・hm^{-2}。通过统计可知，研究区平均模拟夏玉米纯氮施用量为187.74kg・hm^{-2}，这与当地夏玉米习惯纯氮施用量的结果是比较接近的。通过与地面调查多点平均数据相比，本研究模拟夏玉米纯氮施用量的平均相对误差为-10.60%，RMSE为40.64kg・hm^{-2}（图5-10）。

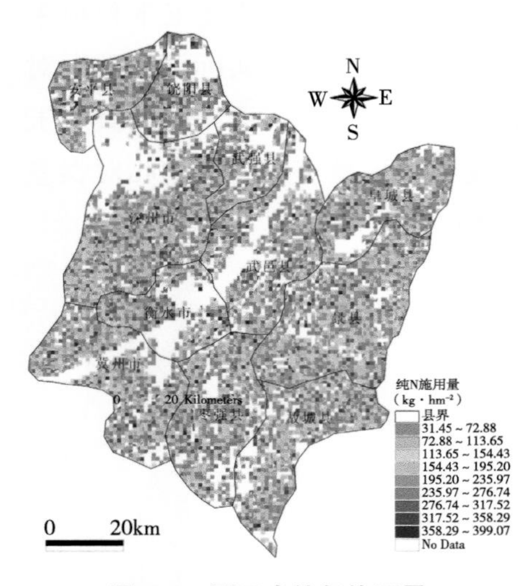

图5-9 夏玉米纯氮施用量模拟结果（2004年）

Fig. 5-9 Result of simulated net N fertilizer application amount of summer maize（2004）

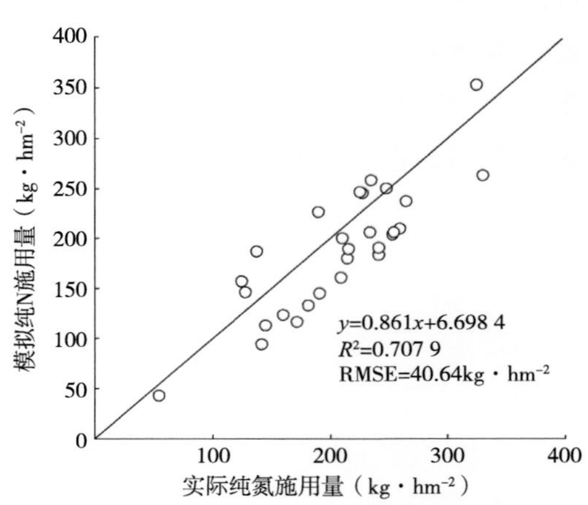

图5-10 夏玉米纯氮施用量模拟结果精度验证

Fig. 5-10 Validation of results of simulated net N application amount of summer maize（2004）

5.4.4 利用遥感LAI同化EPIC模型模拟夏玉米区域单产

通过利用遥感LAI数据同化作物生长模型，得到研究区2004年夏玉米的单产空间信息（图5-11）。通过分析可知，本研究模拟的区域平均单产为6.21t・hm^{-2}，与区域县级统计数据比较，模拟单产的平均相对误差为4.37%，RMSE为0.44t・hm^{-2}（图5-12）。

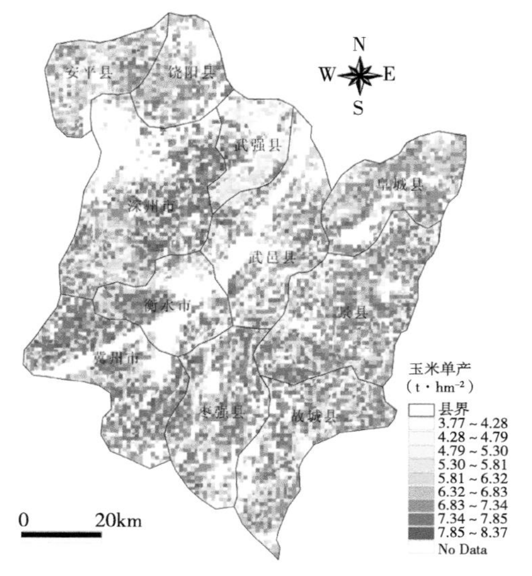

图5-11　夏玉米区域单产模拟结果（2004年）

Fig. 5-11　Result of simulated summer maize yield（2004）

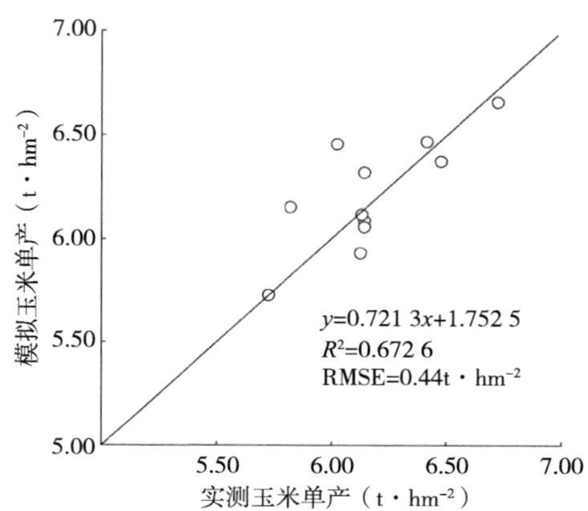

图5-12　夏玉米区域单产模拟结果精度验证（2004年）

Fig. 5-12　Validation of result of simulated summer maize yield（2004）

5.5　本章小结

（1）本文以遥感反演的LAI作为结合点，利用全局优化的复合形混合演化（SCE-UA）算法实现了基于EPIC模型与遥感LAI数据同化的区域作物单产模拟。通过验证可知，整合SCE-UA优化算法的EPIC模型通过与遥感反演LAI数据进行同化，模型模拟区域夏玉米单产结果的精度较高，能够满足大范围作物单产模拟的精度要求。同时，利用遥感反演LAI同化EPIC模型模拟夏玉米播种日期、种植密度和氮肥施用量结果与实际调查结果吻合程度较好。上述结果证明了利用SCE-UA优化算法进行EPIC作物生长模拟模型与遥感反演LAI数据同化进行作物单产和田间管理信息模拟的可行性，为进一步将上述方法纳入大范围作物估产业务化运行系统奠定了较好的基础。

（2）本研究的出发点是将作物生长机理模型逐步应用到我国全国农作

物估产业务化运行工作中，因此，研究中除了要考虑模型和方法在区域应用中的精度和效率，更重要的是保证在数据信息经常为不完备状态下的业务化作物估产工作中模型和方法必须具有较强的可操作性。因此，研究中注意采用选择相对简单的同化策略，注意优化参数（如LAI）利用遥感技术在大范围应用中的可获取性，同时选择的SCE-UA优化算法对先验知识无过分依赖性，这对本研究中基于遥感信息和作物生长模型的区域作物单产模拟技术今后在大范围估产业务中得到更广泛实际应用具有重要意义。

（3）本研究中模型模拟单元的标准网格大小为1km，但当模型在更大范围的省级或全国范围内运行时，既要保证模拟精度，又要兼顾运行效率，因此，大范围内的作物产量模拟网格系统大小尺度择优、同化算法改进、基于并行技术的模拟运算效率提高等方面工作仍然有待进一步完成；本研究的优化比较参数仅选择了遥感LAI，其他多源遥感数据（如光学、雷达及其数据组网等）反演参数（如LAI、NDVI、EVI和ET等）的同化效果比较和同化方案优选工作也需要进一步开展。另外，基于其他生长模型（如WOFOST、DSSAT等）和同化算法（如EnKF、PF、POD-4DVar等）支持下的作物生长模型作物单产模拟和预测比较研究也有待深入开展。此外，进一步提高区域农田生态环境参数遥感定量反演精度，对于进一步提高区域作物单产模拟精度也具有重要意义。

第6章　多种估产模型与方法在估产系统中的整合研究

由于作物生产系统是个复杂的巨系统，影响农作物产量的因素有很多，如自然条件、社会经济条件等。自然条件中主要是农业环境中的气候因素（光、温、水、气等）和土壤等。社会经济条件主要指社会进步、经济投入等。同时，随着科学技术的进步，人类采集信息和管理信息的能力日益增强。因此，为了实现作物产量的预测和估计，利用系统论的观点综合考虑各种因素，充分利用多源信息已成为可能和必然趋势。目前，农作物估产方法虽然较多，但单独依靠任何一种方法都不能取得完全满意的效果。因此，有必要综合考虑影响因素，整合多种估产模型，使各种估产方法相互补充、相互完善及集成，从而发挥各个模型自身的特点和优势，达到提高作物产量预测精度的目的。

6.1　农作物估产系统的构成

由于作物的总产量由作物播种面积和作物单产共同决定，因此，农作物估产系统主要分为4部分，一是基础数据库系统，另外3部分分别是作物产量预测子系统、作物面积监测子系统和总产估测系统。农作物估产系统构成如图6-1所示，其中虚线框图部分为估产业务中常用的估产模型和方法。

基础数据库系统主要包括全国基础地理数据（如地形图）、土地利用数据、气象站点数据、农业资源区划数据、物候数据、农业统计调查数据和遥感影像等。

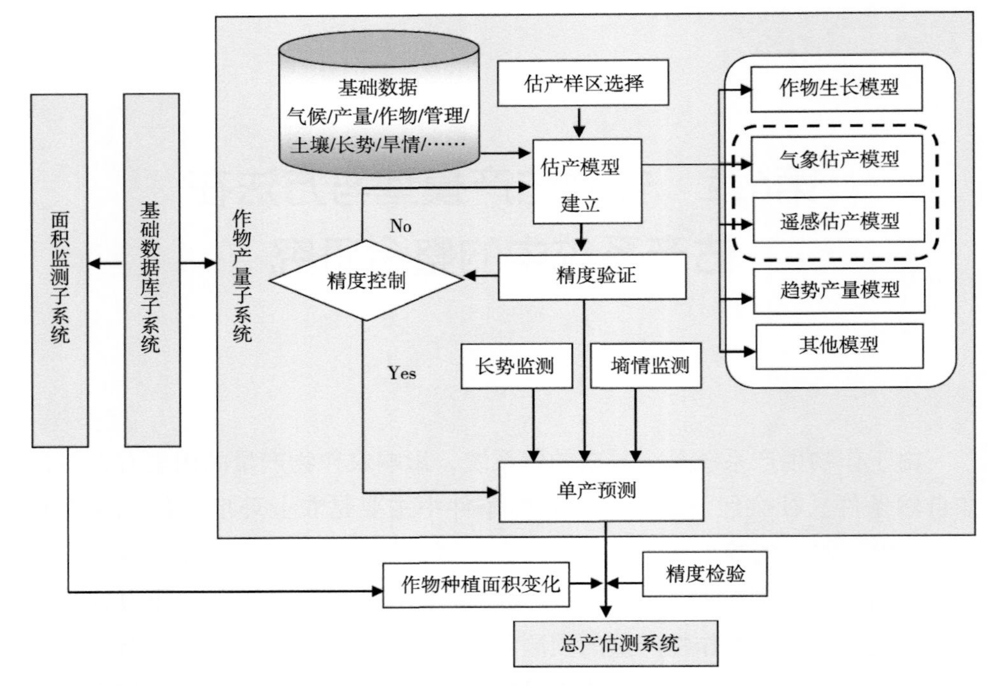

图6–1　作物估产系统结构

Fig. 6–1　Structure of crop yield estimation system

作物产量子系统的目的是准确预测区域内作物的单产，其中单产预测中的主要任务首先是选择典型估产样区，然后进行单产模型的建立，单产模型主要包括气象模型、遥感估产模型、作物生长模型及其他模型。在确定作物单产时，除了进行估产精度检验外，还要辅助进行作物长势监测、旱情监测来共同决定最终的单产。

作物面积监测子系统的目的是监测作物种植面积变化，该系统传统做法主要包括面积监测区抽样、遥感信息源确定、图像解译、确定样区面积变化、确定外推面积变化和精度检验等。目前根据遥感物候模型和农业遥感区划来进行面积监测区抽样是较新的方法。

总产估测系统的目的是确定区域内作物总产的变化，主要是根据区域内预测的单产和作物面积变化来确定区域内作物总产变化。

6.2　主要估产模型的特点分析

目前的估产方法主要有统计趋势产量法、气象模型估产、遥感模型估产和作物生长模型。其中，统计趋势产量法是产量与时间的函数，主要反映了管理措施、技术进步和经济投入随时间变化而对产量的影响；气象模型主要考虑气候因素对与产量的影响；基于经验的遥感模型主要反映因作物长势变化而引起的光谱变化，从而预测产量；基于作物生理的生理遥感模型和作物生长模型则是定量描述作物生长、发育和产量形成过程对环境的反应，并通过作物生育动态及其与环境间动态模拟来预测产量。

6.2.1　气象估产模型的特点

农作物产量气象预报模型预报精度较高，预测精度相对稳定，从本研究的预测结果看，当在区域尺度下利用气象数据进行动态预报冬小麦产量时，其相对误差在-3.50%～2.41%，相对误差绝对值在0.26%～3.50%，平均相对误差绝对值仅为2.55%。而且从预测开始阶段，即3月底其预测准确率就较高，即可提前2个月就可准确了解当年产量数据情况。

但气象估产模型在研究区内仅能获得总体产量数据，不能得到其产量空间分布数据。另外，建立气象模型时使用的气候数据及产量数据等均要求较长时序。且受气象站点数量的限制，气象站点数据内插和由气象站点数据得到的单点作物产量的空间外推问题，即由点估算的产量向面（如省级尺度、国家尺度）的转化问题。同时，由于所采用的气象数据及其膨化因子具有一定适应范围，因此，所得到的气象估产模型也具有一定的使用范围。

6.2.2　遥感估产模型的特点

遥感数据具有观测范围广、即时性强、快速准确的特点，因此，农作物遥感估产具有客观、定量、快速、准确的优点，而且可以同时获取作物单产、种植面积、总产资料，在小区试验中也已取得较高的精度。同时，遥感监测数据和监测结果空间分布特征表现力强，并且可以分作物进行估产。因此，尽管遥感估产模型也面临在全国范围内标定困难的难题，但从大尺度和业务化运行角度看，遥感预测产量的方法仍然是估测作物产量中较为理想的方法。

从本研究的遥感估产模型看，利用MODIS数据的动态预测产量的遥感经验模型，其估产相对误差在1.36%～11.05%，但其预测产量的准确率受作物长势变化和遥感数据获取的质量影响较大，导致旬数据估测产量的相对误差变化幅度达到9.43%，而且3月开始的估产准确率较低，直到4月中下旬冬小麦进入关键期时，其估产准确率才较高，且较稳定。因此，利用遥感估产时，只有到了4月中下旬才能较准确地掌握当年的小麦产量情况，而在3月至4月中下旬则是个不稳定预测区域，只能预测其增产趋势，而不能预报其准确数据。但利用月遥感数据其估产相对误差达到1.36%～5.18%，相对误差变化幅度约在3.82%，因此，可以部分弥补利用旬数据预测产量的不足。但利用遥感可提前1个半月就准确了解当年产量数据变化情况。

本研究利用植物净初级生产力进行估产时，相对于经验模型而言，该模型机理性较强，准确率也较高，平均相对误差为-4.41%。但其预报时间是5月底，因此，导致3月和4月不能得到产量数据。若利用NPP进行动态监测小麦产量，还需要进行很多研究工作。但是若在3月和4月准确预测小麦产量，可以通过上述的气象模型和遥感经验模型进行互补性预测。

利用遥感估产时，遥感数据不仅受观测角度、大气影响、土壤背景、传感器老化等因素影响，而且可能存在作物产量与作物冠层特征不一致的现象。

6.2.3 作物生长模型的特点

作物生长模拟是一门新兴的边缘技术，它是以系统分析原理和计算机模拟的技术来定量地描述作物的生长、发育、产量形成的过程及其对环境的反应，是作物生理生态知识的高度综合与集成，且通过对作物生育和产量的试验数据加以理论概括和数学抽象，找出作物生育动态及其与环境因素间关系的动态模型，然后在计算机上模拟给定的环境下作物整个生育期的生长情况。

成功的生长模拟在理解、预测和调控作物的生长与产量等方面应具有一定广泛性和较强的机理性，且模拟精度达到85%甚至90%以上，大区域精度可达到95%以上。此类方法过去多见于单点或小尺度的作物估产研究，但可与作物估产区划、空间数据库及空间信息技术相结合，用于大范围作物估产。目前，基于遥感信息和作物生长模型同化技术，已有众多作物生长模型与遥感信息（如LAI等）进行耦合并成功用于作物单产模拟与估算的成果（马玉平等，2005；Fang et al.，2008；黄健熙等，2018）。可以说，基于遥感和作物生长模型同化的作物估产技术是未来估产的主导模型和发展趋势。但是，作物生长模型预测预报法在应用运行中也有一些障碍，如决定作物产量的主要因素仍然是天气数据，因此，运行是否成功很大程度取决于对未来天气的预报能力，但目前的天气预报能力尚不能完全满足生长模型模拟和预测产量的需要。同时，所需土壤、作物等模型驱动参数的空间变异大，且在大范围内获取详细信息存在一定困难。基于此，目前生长模型大范围应用多是建立在部分参数获取存在一定假设条件下开展的模拟研究，适合大范围作物估产的作物生长模型技术、方法、系统和体系需要进一步深入研究。

另外，在作物估产中还有情景分析法和近年产量中值法均可预测作物的产量。其中，情景分析法主要是利用主成分分析、因子分析和聚类分析法，针对历史上与当年气候因素的相似年进行产量研究，从而推测当年作物产量变化情况。近年产量中值法主要指利用近5年作物产量，并将其按产量高低排列，然后取中间3年产量的均值作为当年作物产量，但近年产量中值法，只有在其他不能满足估产精度的要求时，才能作为补救的方法来应用。

综上所述，气象估产模型、遥感估产模型和作物生长模型均有各自的特点和优势，因此，在估产系统的实际运行时，必须充分发挥各自模型的特色，形成优势互补。

6.3 主要估产模型的整合研究

6.3.1 主要模型的整合方法

目前能够应用于较大范围估产的方法，主要包括气象估产、遥感估产、作物生长模型模拟、利用长期产量数据建立的统计趋势产量模型等，另外也有其他一些方法，如利用情景分析进行产量预测、利用近年产量数据的中间值法，但上述其他方法都是主要估产方法不能满足精度要求的情况下，才可以使用。而采用主要方法进行估产时，亦采用估产精度最高的模型结果。这样才能发挥各自模型的特点和优势（Boogaard et al.，2002）。其模型的整合模式表示如下：

$$Y_T = f\left(MET \text{ and / or } RS \text{ and / or } SIM \text{ and / or } T \text{ and / or Others}\right) + e$$

式中，Y_T是某年预测产量；f（MET）为气象模型估测产量；f（RS）为遥感模型估测产量；f（SIM）为生长模型估测产量；f（T）为统计趋势产量；e残差产量。

而上述多种模型的整合过程中，模型的先后顺序首先是作物生长模型，然后是气象估产模型，其次是遥感估产模型，最后是趋势产量模型。若上述模型均不能满足估产精度的要求（误差低于5%），则考虑运用情景分析和近年作物产量中值等方法进行产量预测（图6-2）。最后，若模型均未达到精度要求，则选择估产精度最高的结果作为最后估产结果。可见，上述整合模式是个开放系统，具有较好的可操作性。估产考虑模型优先顺序主要是根据上述模型自身的机理性、估产精度、模型稳定性，也考虑了模型所需数据的获取、模型运行的难易程度以及运行时空间尺度上的互补性等。而各自模型特点如章节6.2所述。

上述模型整合模式主要是针对估产业务化的要求提出的，而在进行大范围业务化的作物估产工作时，估产模型能否快速、准确、及时和动态地进行产量监测，也是优选模型的主要考虑因素。基于上述原因，气象模型和遥感模型在实际估产中的地位会明显提高，机理性较强的作物生长模型则因目前尚不能完全满足大范围业务化作物估产的要求，而未能充分利用，但其仍然是最有潜力的估产模型。

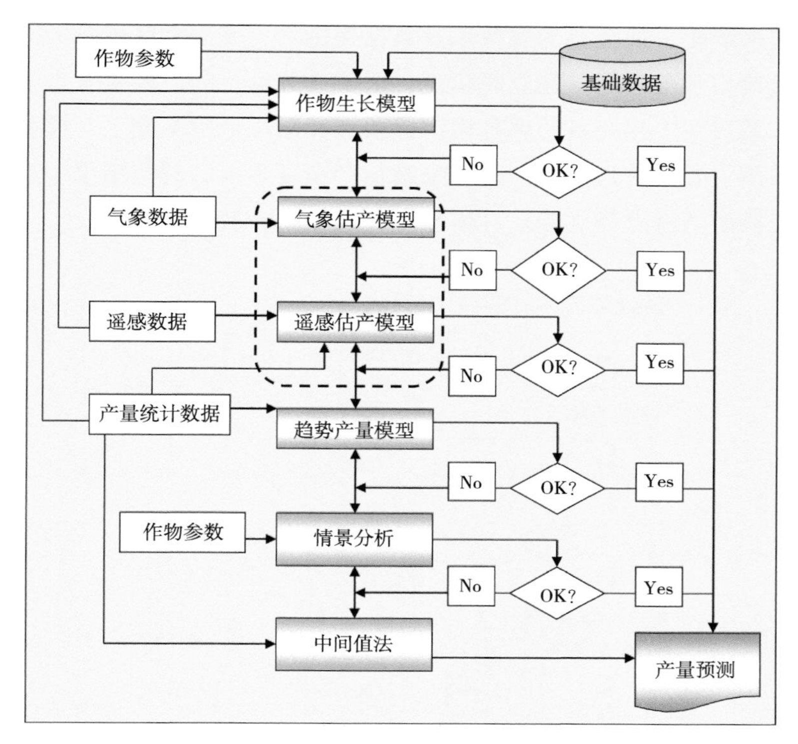

图6-2　不同估产模型间的整合

6.3.2　本研究基于多模型整合的作物估产体系

由于单独使用任何一种模型可能均不能完全满足业务化估产的要求，因此，采用多模型整合的综合估产系统，且采用估产精度最高的模型结果，从而建立开放式模型整合体系，以便提高估产业务化运行的精度和业务化运行的保障率。目前，本研究采用的估产方法主要包括气象方法、遥感方法、作物生长模型、半机理模型等方法进行作物产量综合预测。

在分析已经建立的粮食产量预测模型类型（包括统计模型、农业气象模型、作物生长模型和遥感产量模型等）的优缺点（如模型自身的机理性、估产精度、模型稳定性，也考虑模型所需数据的获取、模型运行的难易程度以及运行时空间尺度上的互补性等）、适用范围和优先级基础上，研究适合统计业务运行的、基于不完备信息的和结合长势信息的主要粮食作物产量预测模型，在系统化、规范化的农情调查数据支持下，完成大区域范围内估产精度评价及典型示范应用，建立高精度、适于业务运行的主要粮食作物产量预测模型体系。在上述完备的多种模型优缺点和适用范围基础上，模型的整合思想是采用主要方法进行估产时，采纳估产精度最高的模型结果，这样能够发挥各自模型的特点和优势。具体整合方式如图6-3所示。

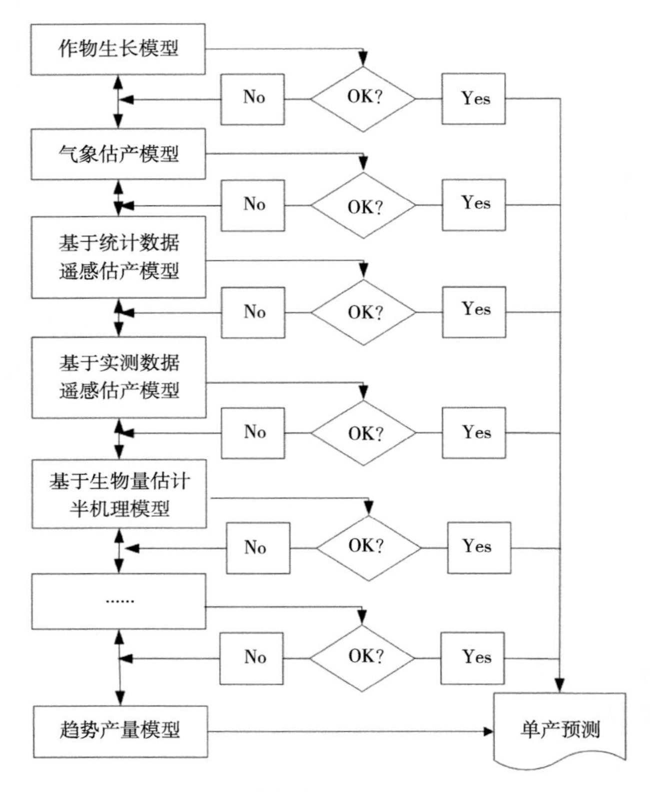

图6-3　多模型整合的作物估产体系

6.4　不同尺度作物估产多层次精度验证体系

在作物估产实际研究和应用中，为了满足不同级别部门和不同用户的需求，需要开展地块级、县级、市级、省级和国家级等不同尺度的农作物产量估测，如何有效开展多层次多尺度的作物估产精度验证成为必需要求。为了验证不同尺度估产结果的精度，本研究建立了基于尺度转换的多层次估产结果精度验证体系。其中，估产精度验证的原则是估产结果只能利用比其自身更低尺度估产结果进行验证。其中，估产尺度包括田块尺度、县级尺度、市级尺度、省级尺度及国家尺度；建模数据尺度包括田块尺度实测数据和县级统计数据。具体体系如图6-4所示。

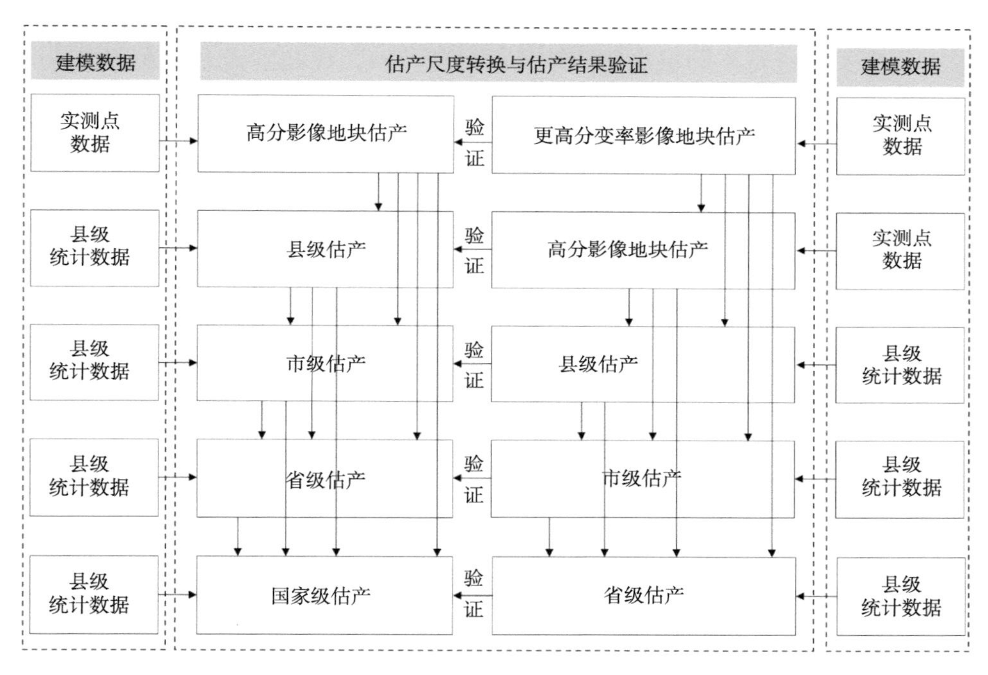

图6-4　基于尺度转换的作物估产多层次精度验证体系

6.5　本章小结

（1）为提高预测农作物产量的精度，利用系统论观点，综合考虑影响作物产量的各种因素，充分利用多源信息，实现多种模型的整合已经成为当前估产系统构成的主流趋势。本研究在分析了当前农作物估产系统构成的基础上，讨论了目前估产工作中主要应用的气象估产模型、遥感估产模型和作物生长模型的各自特点和优势，进一步说明了在估产系统的实际运行时，充分发挥各自模型的特色，形成各种估产模型优势互补的必要性。

（2）进一步结合各种模型的特点和优势以及业务化估产工作的实际需要，本研究讨论了实际估产系统中“最高精度模型”估产原则下的多种模型的整合模式及优选估产模型的先后顺序，以期进一步完善目前我国估产系统中主要估产模型的整合模式，为提高农作物估产精度服务。

（3）为了验证不同尺度作物估产结果的精度，本研究提出了基于尺度转换的作物估产精度多层次验证体系，即从田块尺度到国家尺度，利用空间数据尺度关系进行不同层次估产结果的尺度转换，在此基础上完成作物估产结果的精度验证。

第7章　国外重点地区的主要农作物单产估算

中国是一个农产品生产、消费和贸易大国。因此，除需及时、准确掌握国内农业生产信息外，还迫切需要预先掌握世界主要粮食供需国的作物产量变化情况，这对中国农业政策科学制定、粮食贸易决策、保障国家粮食安全均具有重要意义。同时，作物收获前准确获取世界主要粮食生产国和贸易国的作物产量丰歉信息，对增强我国在国际粮食贸易中的主动权和竞争力也具有重要指导意义。

在国内，科研工作者已经开展了较多的国外农作物产量预测研究，采用的方法主要包括基于统计的遥感估产方法和气象估产方法（王建林等，2007；杨星卫等，1998；张峰等，2004；王长耀等，2005；侯英雨等，2005；侯英雨等，2009）。其中，利用的遥感数据主要包括NOAA/AVHRR、SPOT-VGT、MODIS等卫星NDVI或EVI遥感植被指数，空间分辨率由8km逐步发展为1km和250m。此外，为了减少对统计数据的依赖，部分学者还对大范围甚至全球范围具有应用潜力的基于作物生物量和收获指数的遥感估产方法进行了有益探索（Du et al.，2009；任建强等，2009；Ren et al.，2007）。经过多年技术积累，中国科学院、中国气象局和农业农村部等单位陆续对国外重要农业区小麦、玉米、大豆和水稻等作物产量进行监测，为国家和部门决策提供了重要可靠参考信息（吴炳方等，2010；王建林等，2007），对缩小与美国、欧盟等全球作物遥感监测技术和监测系统间差距具有重要意义（Kowalik et al.，2014；Boogaard et al.，2013；Justice et al.，2010；Supit，1997）。综合而言，遥感信息由于具有覆盖范围大、快速和客观等优势，遥感估产方法已经成为开展国外作物估产最行之有效的技术方法之一（钱永兰等，2012）。

但是，在我国已开展的国外粮食作物遥感估产研究和业务工作中，因获取国外大范围高空间分辨率作物分布信息存在一定困难，大多以耕地信息作为目标作物掩膜开展作物产量预测，这在一定程度上增大了作物估产结果误差和不确定性（Doraiswamy et al.，2004；Kastens et al.，2005；Roy et al.，2014）。尽管少部分研究利用了低分辨率作物分布信息，对提高作物估产精度具有一定作用，但仍然缺乏对中高或高分辨率作物分布信息的应用和研究。此外，已开展的国外作物估产中大多利用省级（州级）或国家级作物产量统计数据，县级等更加详细统计数据较少得到应用。随着我国每年与国外农产品贸易规模的进一步扩大，掌握国外重要粮食产区作物产量精度和时效性要求进一步提高，因此，进一步提高我国国外农作物产量估测精度和精细化水平迫在眉睫。本研究就是基于我国对国外重点地区作物估产研究应用现状，通过利用多年中高分辨率作物分布信息和县级作物产量统计数据，开展国外重点地区作物单产估测研究，以期进一步提高国外重点地区农作物产量监测精度和水平。

植被指数作为一种经济、有效和实用的地表植被覆盖和长势的参考量，与作物叶面积指数、发育程度、生物量和产量等有密切关系，在国内外作物长势监测和产量预报研究和业务中被广泛应用，并取得了较好的研究与应用效果（Bolton et al.，2013；Kogan et al.，2013；Mkhabela et al.，2011；Becker-Reshef et al.，2010；Ren et al.，2008；Prasad et al.，2006）。为增强本研究技术方法在监测业务中的实用性和可操作性，研究中仍采用农业遥感监测中被广泛应用的归一化植被指数（NDVI）作为遥感特征参量，开展国外重点地区作物单产遥感估测研究。考虑到近些年国内玉米消费量不断增加，玉米进口需求呈现增长态势，加之美国是世界玉米重要生产国和我国玉米进口的主要来源地，因此，本研究将美国作为研究区域，研究作物为玉米，以便进一步提高对美国农作物监测的精度和水平，也为开展全球其他重点地区农作物单产遥感估测提供参考。

7.1　研究区概况

美国玉米种植面积排在世界第一位，是玉米产量最高的国家之一，产量约占世界产量的一半。根据2007—2011年美国农业部统计数据分析，美国中西部地区玉米产量约占全国总产量的87.58%，东南部、西南部、东北部和西部地区等地玉米产量分别占全国的5.81%、2.35%、2.23%、2.03%。美国东北部和五大湖区属温带湿润大陆性气候，冬季较冷，夏季温和多雨；中西部属大陆性半湿润、半干旱与干旱气候；东南部为亚热带湿润性气候，冬季温暖，夏季暖热，降水丰富；西部大部分地区属半干旱和干旱气候，西部沿太平洋地带北段属温带海洋性气候，南部属地中海式气候。美国玉米主要生育期多集中在当年4—5月播种、6月至7月中旬拔节、7月下旬至8月上旬抽雄开花，8月中旬至9月中旬灌浆乳熟，9月下旬至10月进入收获期。为了实现美国全国玉米单产准确估测的目标，本研究选取美国35个玉米种植州（玉米产量约占全国总产量99.63%）作为研究区域。

7.2　研究方法

为便于农业遥感监测业务中对美国各州玉米单产进行独立、准确地估测，掌握丰富可靠的国际粮食贸易决策支持信息，本研究拟以美国玉米种植各州为估产区，分别开展统计估产建模和单产估测。其中，开展美国玉米单产估测利用数据包括多年MODIS NDVI时间序列、中高分辨率作物分布图和县级作物产量统计数据等。根据美国气候特点和玉米生长物候历，研究主要运用玉米关键生育期阶段的MODIS NDVI 16天合成数据。首先，利用当年作物分布图和MODIS NDVI时间序列遥感数据提取目标作物NDVI空间信息；其次，叠加县级行政界线，统计分县区域内目标作物生长期内多天合成时间序列NDVI数据，得到各个县目标作物主要生长期内多天合成的平均NDVI值；再次，分别以各州为估产区，以州内各县多天合成的目标作物平均NDVI值为遥感特征参量，建立玉米生长期内关键期NDVI与玉米单产间关系模型；然后，通过各个关键期模型的决定系数和拟合程度，筛选确定美国各州玉米最佳估产期和最佳估产模型。最后，利用上述最佳估产关键期内的估产模型实现美国各州玉米单产估测，并完成全国玉米单产汇总计算。

7.2.1 玉米单产遥感估测模型

首先，通过美国各州县域内关键生育期玉米NDVI值与当年玉米单产利用最小二乘方法进行线性拟合，建立各州玉米单产遥感估测模型，其线性回归方程形式为：

$$f(X_{j,t,i}) = a_{j,t} \times X_{j,t,i} + b_{j,t} \tag{7-1}$$

式中，$X_{j,t,i}$为第j个州内玉米t关键生育期间第i个平均NDVI值；$f(X_{j,t,i})$为第j个州内玉米t关键生育期间第i个平均NDVI值估测的玉米当年单产；$a_{j,t}$和$b_{j,t}$为第j个州t关键生育期时间的回归系数，其计算公式如下：

$$b_{j,t} = \frac{k\sum_{i=1}^{k} X_{j,t,i} \times f(X_{j,t,i}) - \sum_{i=1}^{k} X_{j,t,i} \times \sum_{i=1}^{k} f(X_{j,t,i})}{k\sum_{i=1}^{k} X_{j,t,i}^{2} - \left(\sum_{i=1}^{k} X_{j,t,i}\right)} \tag{7-2}$$

$$a_{j,t} = \frac{1}{k} \times \sum_{i=1}^{k} f(X_{j,t,i}) - b_{j,t} \times \frac{1}{k} \times \sum_{i=1}^{k} X_{j,t,i} \tag{7-3}$$

式中，k为第j个州内所有县t关键生育期间多年观测数据集合对$\{X, f(x)\}$的个数；$X_{j,t,i}$为第j个州t关键生育期间第i个NDVI平均值；$f(X_{j,t,i})$为第j个州t关键生育期间第i个单产数据。

其次，将拟合年份各州内各县域内NDVI平均值代入各州玉米单产遥感估测最佳模型，计算相应的回归单产式（7-4）。

$$\left\{Y_{j,1}, Y_{j,2}, \cdots\cdots, Y_{j,n}\right\} = \left\{f(X_{j,t,1}), f(X_{j,t,2}), \cdots\cdots, f(X_{j,t,n})\right\} \tag{7-4}$$

式中，$f(X)$为式（7-1）；n为第j个州内县的个数；$X_{j,t,n}$为第j个州最佳估产生育期t内第n个县的NDVI平均值；$Y_{j,n}$为第j个州第n个县的作物估测单产。

最后，根据州内各县域作物收获面积占全州作物收获面积的比例为权重，计算各州最终作物单产式（7-5）；根据各州作物收获面积占全国作物收获面积的比例为权重，计算美国全国作物最终单产式（7-6）。

$$Y_{yld,j}=\sum_{n=1}^{m}\left(Y_{j,n}\times\frac{S_{j,n}}{S_j}\right) \tag{7-5}$$

式中，$Y_{yld,j}$为全国第j个州的作物估测单产；$Y_{j,n}$为第j个州中第n个县的作物估测单产；$S_{j,n}$为第j个州中第n个县的作物收获面积；S_j为第j个州的作物收获总面积；m为第j个州内县的个数。

$$Y_{yld}=\sum_{j=1}^{p}\left(Y_{yld,j}\times\frac{S_j}{S}\right) \tag{7-6}$$

式中，Y_{yld}为全国作物最终估测单产；$Y_{yld,j}$为第j个州作物估测单产；S_j为第j个州的作物收获面积；S为全国的作物收获总面积；p为全国州的个数。

7.2.2 估产精度验证

为了对作物单产估测结果进行客观精度评价，本研究除采用反映模拟值和真值拟合程度好坏的决定系数（R^2）外，还采用相对误差（RE）、均方根误差（RMSE）对区域作物单产估测结果进行精度评价。具体计算公式如下：

$$R^2=\left[\frac{\sum_{i=1}^{n}(O_i-\bar{O})(P_i-\bar{P})}{\sqrt{\sum_{i=1}^{n}(O_i-\bar{O})^2}\sqrt{\sum_{i=1}^{n}(P_i-\bar{P})^2}}\right]^2 \tag{7-7}$$

$$\mathrm{RE}=\frac{(P_i-O_i)}{O_i}\times 100\% \tag{7-8}$$

$$\mathrm{RMSE}=\sqrt{\frac{\sum_{i=1}^{n}(P_i-O_i)^2}{n}} \tag{7-9}$$

上述公式中，i表示第i个样本数据；P_i为模型估测作物单产值；O_i为实际统计作物单产值；$\bar{P}$为模型估测平均单产值；$\bar{O}$为实际统计单产平均值；n为样本数。

7.3 数据处理

7.3.1 MODIS-NDVI数据

本研究使用的遥感数据来自美国国家航空航天局（NASA）提供的250m 16天合成Terra MODIS-NDVI数据（https://lpdaac.usgs.gov/products），覆盖时间为2007—2011年的6月上旬至10月下旬（第161天至第289天）。MODIS-NDVI数据下载后，利用MODIS重投影工具（MRT）将SIN投影转换为常用的Albers投影。在此基础上，进行图幅拼接、影像裁切和地理校正等。其中，NDVI被扩大10 000倍，NDVI有效值范围为-2 000～10 000，对于本研究中玉米作物而言，NDVI有效值为0～10 000。研究中，投影采用双标准纬线等积圆锥投影，中央经线为96°W，原点纬度23°N，两条标准纬线为29.5°N和45.5°N。

7.3.2 作物统计数据和作物分布数据

本研究利用的县级、州级统计数据及作物分布数据均来自美国农业部国家农业统计局（NASS/USDA）。其中，县级玉米和州级玉米历史产量数据覆盖时间为2007—2011年；玉米作物分布数据来自美国国家农业统计局每年生产的高精度作物分布数据CDL（Boryan et al.，2011；Han et al.，2014），覆盖时间为2007—2011年（http://nassgeodata.gmu.edu/CropScape/）。2007—2011年5年玉米作物分布数据空间分辨率分别为56m、56m、56m、30m和30m。其中，2007—2010年作物分布信息提取的遥感数据源包括Landsat 5 TM，Landsat 7 ETM^{+}、IRS-P6、AWiFS等遥感影像，2011年又增补利用了DEIMOS-1，UK-DMC2等遥感数据；通过利用决策树分类等方法获得了相应年份的作物分布图。通过与6月面积调查数据June Area Survey（JAS）和美国地质调查局（USGS）相关年份地面实测数据和国家土地覆盖数据对比，各年作物分布提取总精度和Kappa系数均可达90%以上。由于MODIS-NDVI遥感数据是本研究中基于统计模型开展作物单产估测的重要基础数据，因此，为实现作物分布图与250m空间分辨率MODIS-NDVI时序平滑数据进行叠置分析，研究中需要保证作物分布数据与MODIS-NDVI数据空间分辨率保持一致，从而提取目标作物植被指数信息。为增强技术方法和研究结果在农业遥感监测业务中应用的实用性和可操作性，提高估产系统运行效率，本研究将56m和30m高分辨率作物分布数据重采样为250m（盖永芹等，2008）。其中，2007—2010年的4年数据用于单产估测模型的建立，2011年数据用于模型与方法的应用和结果验证，250m空间分辨率玉米作物空间分布如图7-1所示。

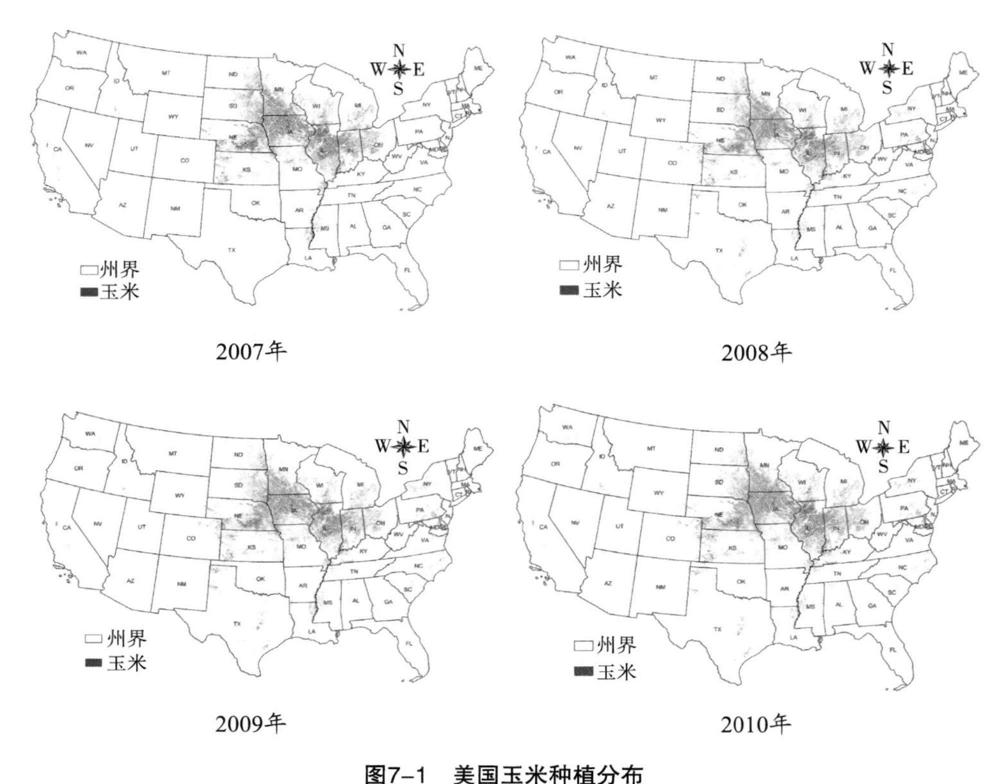

图7-1　美国玉米种植分布

Fig. 7-1　The distribution map of corn in USA

7.3.3 其他辅助数据

本研究中涉及的其他辅助数据主要包括研究区玉米种植物候信息、行政边界（县级和州级）等信息。

7.4 结果分析

7.4.1 作物估产模型建立与筛选

为提高作物单产估测精度，首先在各州内建立玉米不同生育期16天合成NDVI与作物单产间的线性模型关系，再根据各个产量模型拟合优劣程度和模型精度，将决定系数最大的NDVI与作物单产间关系模型作为拟合最优的各州玉米最佳估产模型。在此基础上，利用筛选的最佳估产模型开展作物单产预测。本研究在2007—2010年4年分县玉米单产统计数据和分县玉米作物主要生育期平均NDVI提取基础上，分别以各州为估产区，以各县为基本数据单元，进而建立美国各州玉米主要生育期（如拔节、抽穗、开花和乳熟等）NDVI与玉米单产间关系，最后确定各州玉米最佳估产模型。最终，获得美国35个州玉米最佳估产模型参数，具体结果如表7-1所示。通过模型决定系数判断，本研究获得的各州最佳玉米单产估测模型中关键生育期NDVI和玉米单产间均达到了较高的拟合程度。为避免图表间信息重复和篇幅限制，本研究仅列举美国玉米生产具有重要地位的美国中西部玉米主产区部分代表性州玉米最佳估产模型散点图，如爱荷华州、伊利诺伊州、明尼苏达州和南达科他州等，具体结果见图7-2所示。其中，y为各州县内玉米单产（$kg \cdot hm^{-2}$），x为州内各县玉米作物最佳估产期平均MODIS-NDVI。

表7-1 美国各州玉米最佳单产估测模型参数

Table 7-1 Parameters of best yield estimation model for corn in each state of USA

分区	州名	最佳模型时间	最佳估产模型	决定系数（R^2）
中西部	爱荷华州	第209天	y=5.130 1x−33 391	0.800 9
	伊利诺伊州	第209天	y=2.835 0x−13 692	0.931 2

（续表）

分区	州名	最佳模型时间	最佳估产模型	决定系数（R^2）
中西部	内布拉斯加	第225天	y=1.340 6x−481.25	0.663 1
	明尼苏达州	第225天	y=3.236 9x−16 743	0.828 8
	印第安纳州	第209天	y=2.739 5x−13 427	0.772 0
	南达科他州	第225天	y=1.995 4x−7 343.4	0.855 7
	威斯康星州	第225天	y=3.325 0x−18 341	0.751 0
	俄亥俄州	第225天	y=2.432 9x−10 534	0.715 5
	堪萨斯州	第225天	y=1.133 5x+263.47	0.609 1
	密苏里州	第193天	y=1.236 0x−1 526.4	0.592 1
	密歇根州	第225天	y=3.152 0x−16 978	0.731 5
	北达科他州	第241天	y=1.142 5x−1 057.8	0.822 1
东北部	宾夕法尼亚	第225天	y=1.507 4x−4 034.2	0.676 5
	纽约州	第225天	y=1.872 0x−6 775.3	0.712 1
	马里兰州	第225天	y=2.020 0x−7 982.5	0.821 8
	德拉华州	第257天	y=1.995 9x−3 864.0	0.947 1
	新泽西州	第241天	y=1.844 8x−6 135.4	0.872 3
西南部	得克萨斯州	第209天	y=2.017 4x−3 998.4	0.784 2
	俄克拉何马州	第193天	y=1.658 3x−5 625.8	0.866 2
东南部	肯塔基州	第193天	y=2.306 6x−10 436	0.631 4
	密西西比州	第177天	y=2.196 4x−8 927.1	0.689 7
	田纳西州	第225天	y=0.946 1x+752.31	0.709 1
	路易斯安那州	第193天	y=1.104 2x+1 313.4	0.743 5
	阿肯色州	第193天	y=2.557 7x−10 185	0.796 0
	北卡罗来纳州	第193天	y=3.247 5x−19 526	0.781 7
	佐治亚州	第161天	y=2.450 3x−9 453.6	0.751 4
	弗吉尼亚州	第209天	y=3.230 0x−19 097	0.719 9
	亚拉巴马州	第161天	y=2.059 7x−9 560.2	0.742 1

（续表）

分区	州名	最佳模型时间	最佳估产模型	决定系数（R^2）
东南部	南卡罗来纳州	第161天	y=1.708 3x−7 191.9	0.709 0
	西弗吉尼亚州	第209天	y=3.456 9x−20 587	0.829 5
西部	科罗拉多州	第193天	y=2.294 6x−6 263.8	0.899 0
	华盛顿州	第161天	y=0.565 4x+9 045.7	0.932 4
	加利福尼亚州	第177天	y=1.312 8x+2 935.4	0.808 6
	蒙大拿州	第241天	y=1.401 8x−450.81	0.832 0
	怀俄明州	第241天	y=1.976 9x−5 181.3	0.928 6

注：最佳模型时间指拟合程度最高的16天合成MODIS-NDVI数据起始时间，最佳估产时段为MODIS-NDVI起始时间+15天

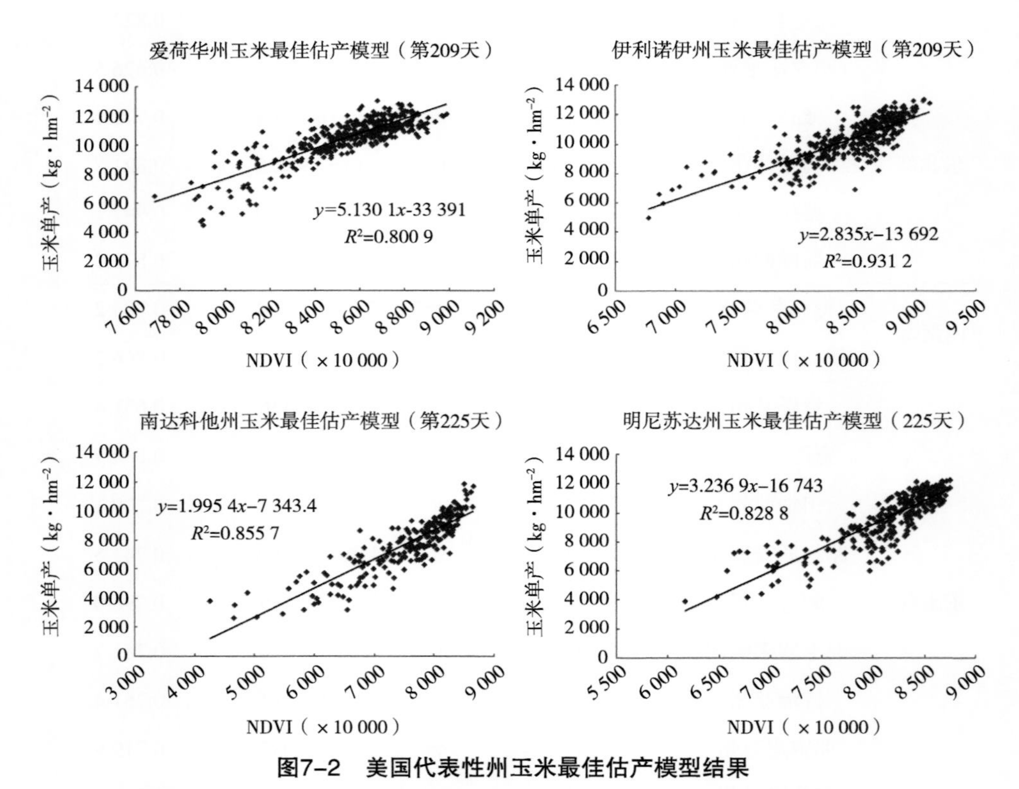

图7-2　美国代表性州玉米最佳估产模型结果

Fig. 7-2　The established best model for corn yield estimation in typical states of USA

7.4.2 作物估产模型应用与验证

在利用2007—2010年数据开展各州玉米单产模型建立和筛选基础上，利用最佳估产模型开展2011年美国境内35个玉米种植州玉米单产估测研究，并对估产精度进行验证。其中，代入最佳估产模型的各县玉米NDVI是在叠加2011年玉米种植作物分布信息基础上统计均值获得。最后，以各州为估产区，利用2011年美国分县玉米单产统计数据对上述模型的应用结果进行精度验证，美国各州2011年玉米单产估测验证具体结果如表7-2所示。其中，具有重要地位的美国中西部玉米主产区部分代表性州2011年玉米单产估测验证散点图如图7-3所示。

综合看，2011年美国各州玉米单产估测相对误差在-4.16%～4.92%，均方根误差在148.75～820.93kg·hm^{-2}。在获得各州玉米单产估测结果基础上，根据公式（7-6）利用各州玉米收获面积统计数据对各州玉米单产估测结果进行加权求和，从而汇总获得美国2011年全国玉米单产估测结果。通过对全国玉米单产估测结果进行精度验证可知，2011年美国全国玉米单产估测相对误差仅为2.12%，均方根误差仅为285.57kg·hm^{-2}，全国玉米单产估测验证具体结果如表7-2和图7-4所示。可见，本研究中基于县级作物统计数据、中高分辨率作物分布信息和时序遥感植被指数的作物单产遥感估测方法不仅可以准确获取美国各州作物单产，而且可进一步获得美国全国高精度作物单产估测信息，说明了该作物估产方法在大范围作物单产估测中具有一定的可行性。

表7-2 美国各州2011年玉米单产遥感估测结果与统计数据比较

Table 7-2 Results comparison between estimated yield of corn and statistical data in each state of USA in 2011

分区	州名	预测单产	统计单产	相对误差	均方根误差
中西部	爱荷华州	10 753.11	10 795.16	−0.39	637.04
	伊利诺伊州	10 275.48	9 856.23	4.25	755.03
	内布拉斯加州	10 401.64	10 042.63	3.57	653.99
	明尼苏达州	10 220.88	9 790.33	4.40	728.67

（续表）

分区	州名	预测单产	统计单产	相对误差	均方根误差
中西部	印第安纳州	9 516.06	9 163.33	3.85	690.39
	南达科他州	8 258.30	8 284.66	−0.32	524.07
	威斯康星州	9 709.36	9 790.96	−0.83	377.83
	俄亥俄州	9 757.06	9 916.48	−1.61	498.33
	堪萨斯州	7 040.07	6 715.59	4.83	572.39
	密苏里州	7 400.33	7 154.93	3.43	490.80
	密歇根州	9 489.70	9 602.04	−1.17	689.13
	北达科他州	6 847.39	6 589.44	3.91	423.65
东北部	宾夕法尼亚	6 882.54	6 966.64	−1.21	447.50
	纽约州	8 655.58	8 347.42	3.69	495.20
	马里兰州	7 151.79	6 841.12	4.54	665.28
	德拉华州	8 054.94	8 157.25	−1.25	148.75
	新泽西州	8 048.04	7 719.16	4.26	487.04
西南部	得克萨斯州	6 067.88	5 836.92	3.96	343.31
	俄克拉何马州	5 506.79	5 649.88	−2.53	301.26
东南部	肯塔基州	9 007.05	8 723.37	3.25	545.41
	密西西比州	7 795.11	8 034.23	−2.98	404.19
	田纳西州	8 517.50	8 221.89	3.60	552.94
	路易斯安那州	8 305.37	8 472.94	−1.98	406.07
	阿肯色州	9 088.64	8 912.28	1.98	477.62
	北卡罗来纳州	5 476.66	5 272.05	3.88	442.48
	佐治亚州	9 651.62	9 916.48	−2.67	777.00
	弗吉尼亚州	7 768.12	7 405.98	4.89	498.33
	亚拉巴马州	7 507.03	7 154.93	4.92	616.96
	南卡罗来纳州	3 927.05	4 080.19	−3.75	402.31
	西弗吉尼亚州	6 947.19	7 153.67	−2.89	411.09

（续表）

分区	州名	预测单产	统计单产	相对误差	均方根误差
西部	科罗拉多州	8 739.06	8 346.79	4.70	596.87
	华盛顿州	13 534.11	14 122.20	−4.16	817.17
	加利福尼亚州	12 098.73	11 611.07	4.20	820.93
	蒙大拿州	7 852.22	8 159.76	−3.77	736.20
	怀俄明州	8 483.61	8 160.39	3.96	761.31
全国		9 434.47	9 238.65	2.12	285.57

注：单产：kg · hm^{-2}；相对误差：%；均方根误差：kg · hm^{-2}

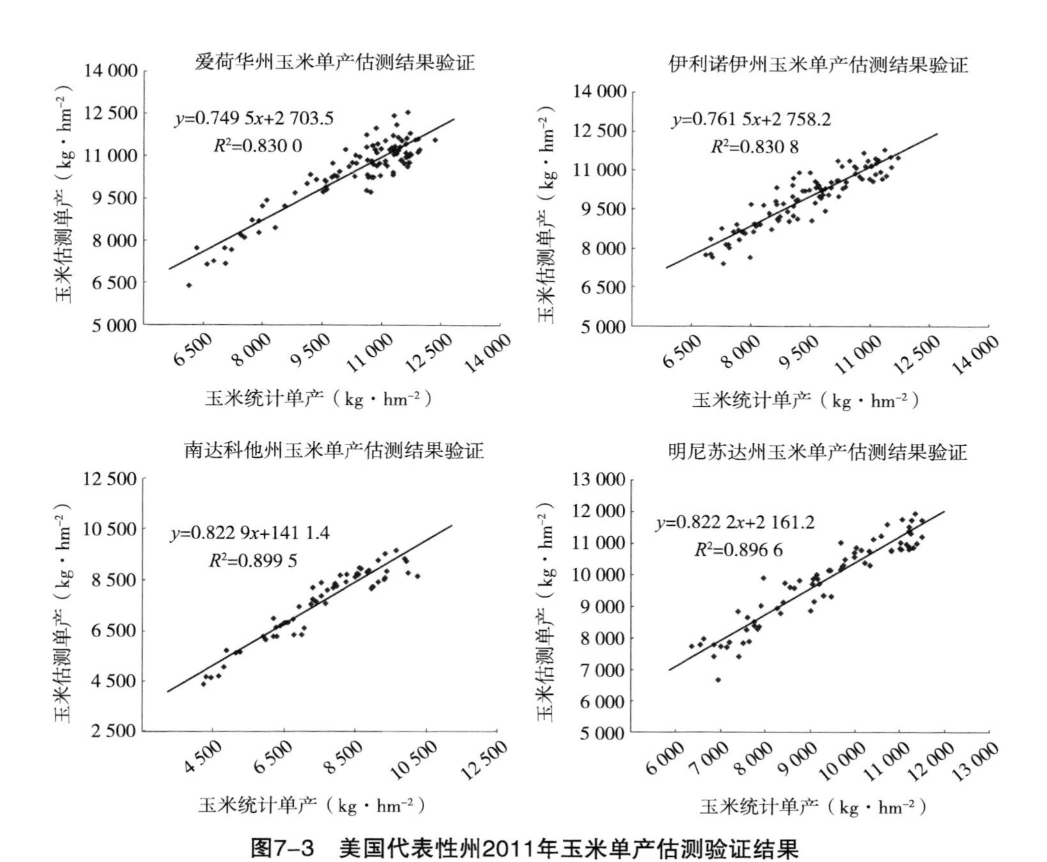

图7-3　美国代表性州2011年玉米单产估测验证结果

Fig. 7-3　Validation results of corn yield estimation in typical states of USA in 2011

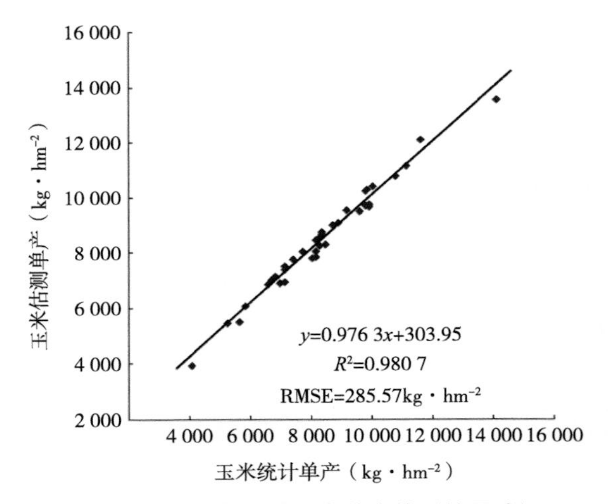

图7-4　2011年美国玉米单产估测结果验证

Fig. 7-4　Validation results of corn yield estimation in USA in year of 2011

7.5　本章小结

本研究在中高分辨率遥感数据获取的作物空间分布信息、县级统计数据和MODIS植被指数支持下，探索利用遥感统计模型开展美国玉米单产估测研究，从而可以提前掌握全球重点地区的粮食产量水平。最终得到以下结论。

（1）在中高分辨率遥感数据获取的作物空间分布信息、县级统计数据和MODIS植被指数支持下，对作物空间分布信息掩膜后的时序MODIS-NDVI进行分区统计，获得各年县域玉米主要生育期NDVI均值，进而以县为基本数据单元，建立各州玉米主要生育期NDVI与玉米单产间关系模型并进行最佳估产模型筛选。然后，利用各州最佳作物估产模型获得美国各州玉米单产结果，最终实现美国全国玉米单产准确测算。结果表明，应用作物最佳估产模型进行美国各州玉米单产估测相对误差在-4.16%~4.92%，均方根误差在148.75~820.93kg·hm^{-2}，全国玉米单产测算结果相对误差为2.12%，均方根误差为285.57kg·hm^{-2}。可见，本研究中基于作物分布信息、县级作物产量统计数据和MODIS植被指数遥感数据开展大范围作物单产遥感估测技术方法具有一定可行性，可准确估测全球重点地区大范围作物单产信息，为我国进一步开展全球重点地区作物单产遥感估测提供一定参考。

（2）与利用大尺度统计数据（如州级/省级、国家级等）进行作物单产遥感估测相比，本研究以较详细的县级尺度统计数据为基础开展作物单产遥感估测，该种方法一方面可以有效增加统计建模时样本容量，从而一定程度上有效保证了估产模型的稳定性，另一方面，该种方法得到的区域估产结果是由县级估产结果汇总而来，由于县级尺度估测结果的误差存在“正负抵消”的效果，因此，在大尺度范围内本研究利用较短时长的统计数据和遥感数据实现了较好的估产效果，这为基础数据时序短或时序数据不完备状态下的区域农作物单产准确估测提供了一种较为可行的估产方法。同时，本研究利用作物分布信息开展了美国全境玉米单产遥感估测技术方法研究，随着国内外遥感技术的飞速发展，特别是全球覆盖的中高分辨率Landsat 8动态遥感数据的免费共享，为全球农作物估产中及时获取当年作物分布信息提供了较好遥感信息源，这有利于本研究中基于作物分布信息、统计数据和遥感植被指数的作物单产估测技术在更大范围内推广应用。

为了便于国外重点地区作物估产研究工作的开展，本研究目前将各种基础数据较为完备且数据质量较高的美国作为研究区，开展玉米作物估产方法的探索研究。若今后开展更多国家更多作物的估产工作，尚需要在一定研究区下针对不同作物开展相关估产技术研究，特别是针对国外地区无地面支撑数据或基础数据不完备情景下的作物估产技术研究，从而提高全球作物估产工作的精度和水平。此外，全球农作物估产工作是一项长期复杂的技术工作，不仅要求估产结果具有及时性和准确性，而且要求估产方法具有很强的可操作性。尽管作物生长机理模型和依靠地面实测数据标定的作物单产预测模型在机理性、结果独立性和发展潜力等方面具有较强优势，但从可操作性而言，基于统计数据的遥感统计模型仍然是当前和今后一段时间内作物遥感估产中具有一定应用价值的估产方法，但今后应进一步加强多种遥感指标的遥感估产综合模型研究；本研究的出发点是进一步提高我国对国外重点地区农作物产量监测的精度和水平，因此，在保证估产结果及时性和准确性基础上，本研究对估产方法在农业遥感监测业务中应用的可操作性、实用性和运行效率等方面给予了一定考虑。如本研究采用筛选最佳时段线性估产模型进行产量估测的方法，但是开展非线性估产模型和多时段遥感参量估产模型对作物产量估测精度影响研究将是下一步研究重点之一；为方便业务中对美国各州独立开展作物单产估测的需要，研究中以各州为估产区分别开展单产估测，但基于全国估产分区的作物估产能否满足或进一步提高各州及全国单产估测精度也是今后的一个研究重点。随着我国高分辨率对地观测系统的逐步建立和完善，国产高分辨率遥感数据获取地表信息的能力将进一步增强，今后利用我国高分辨率遥感数据获取的高精度作物分布和长势信息开展国内大范围甚至全球范围的作物估产工作已经成为可能和必然发展趋势。因此，本研究中利用中高分辨率作物分布信息开展的国外重点地区大范围作物单产预测可为我国未来相关精细化估产研究提供一定借鉴。

第8章 展 望

及时、准确地了解一个国家或地区的每年粮食产量变化信息，不仅关系到国家的粮食安全、社会可持续发展，而且关系到农民收入的提高、农业生产的健康发展等重大问题。我国农业遥感估产技术研究与应用经历了20世纪70年代末技术引进和学习、80年代到90年代中期关键技术攻关和研究、90年代中后期至今进入业务应用和宏观决策服务阶段。其中，进入21世纪以来，农作物遥感估产和作物监测逐步向全球整合对地综合观测应用方向发展。

8.1 “六五”到“八五”期间15年的技术方法积累

我国从“六五”开始开展农作物遥感估产研究，并在区域尺度上开展产量估算试验（张宏名，1989；全国冬小麦遥感综合测产协作组，1993；陆登槐，1997）。1983年起，农业部先后组织北京近郊小麦、浙江杭嘉湖地区水稻及北方6省市小麦遥感估产，在我国首次实现了跨省市统一网络的冬小麦遥感估产（肖乾广等，1986）；1984年开始，中国气象局在进行北方11省市“冬小麦卫星遥感监测及估产业务系统”研究，建立了基于NOAA/AVHRR气象卫星的冬小麦长势监测和产量估算技术方法（孟宪钺等，1993；史定珊等，1993）；“八五”期间，国家重点支持“重点产粮区主要农作物遥感估产”项目，由中国科学院主持，农业部、中国气象局和相关高校参加，基于Landsat/TM、NOAA/AVHRR气象卫星数据等数据重点研究了黄淮海平原小麦、吉林玉米、江汉和太湖平原（湖北、江苏和上海市）水稻等大范围遥感估产的机理和方法，建成了大面积“遥感估产试验运行系统”，完成了全国范围遥感估产的部分基础工作，为作物遥感估产业务运行打下了一个坚实的基础（王乃斌，1996）。

可见，经过“六五”到“八五”期间15年的技术方法积累，我国农作物遥感估产研究取得了明显进展，作物监测和产量预测精度得到不断提高，监测作物由冬小麦单一作物发展到小麦、玉米、水稻等多种作物，从小区域发展到大区域，从NOAA/AVHRR等单一信息源发展到NOAA/AVHRR、Landsat/TM、航空资料等多种信息源的综合应用，为“九五”以后我国农作物遥感监测与估产技术发展奠定了坚实基础（吴炳方，2000）。

8.2　“九五”至“十三五”我国农作物估产工作主要成果与进展

1997年，中国科学院将“中国资源环境遥感信息系统及农情速报”作为院“九五”重大和特别支持项目，实现了全国小麦、玉米、大豆、水稻等农作物大范围遥感估产监测与预报（江东等，1999）。1998年开始，农业部实施了“全国农作物业务遥感估产”项目，发展并逐步建立一套适合中国国情的农作物遥感监测业务运行系统，监测对象主要包括全国小麦、玉米、棉花，并逐步扩大到水稻和大豆等作物（周清波，2004）。“十五”期间，我国继续深化农作物遥感估产系统业务研究与应用，陆续建成和完善了多个国内作物长势监测与估产系统，监测对象包括小麦、玉米、水稻、大豆和棉花等，如农业部“国家农业遥感监测系统（China Agriculture Remote Sensing Monitoring System，CHARMS）”（中国农业科学院和农业部）（周清波，2004；Chen et al.，2008，2011）、中国科学院遥感研究所“中国农情遥感速报系统（CropWatch）”（中国科学院和国家粮食局）（吴炳方，2000，2004），中国气象局“农作物监测系统”（中国气象局）（王建林等，2005）等。“十一五”期间，通过“统计遥感”国家项目的实施，北京师范大学和国家统计局建成了“国家粮食主产区粮食作物种植面积遥感测量与估产系统”（潘耀忠等，2013）；另外，“十一五”期间，中国科学院遥感研究所“中国农情遥感速报系统”逐步发展成为“全球农情遥感速报系统（CropWatch）”（吴炳方等，2010；吴炳方等，2019）。此后，在前期大量研究基础上，中国科学院、中国气象局和农业部等单位陆续对国外重要产粮地区玉米、大豆、小麦和水稻等作物产量进行监测，取得了一系列监测成果，为国家和部门决策提供了重要可靠参考信息（王建林等，2007；吴炳方等，2010；钱永兰等，2012；任建强等，2015）。其中，“十二五”期间，国家将“全球大宗作物遥感定量监测关键技术”列入“863计划”重点项目课题，进一步提升了我国全球主要农作物遥感监测的能力和水平。截至“十三五”，中国科学院、农业农村部、中国气象局等单位已实现覆盖全国估产的主要农作物包括小麦、玉米、水稻、大豆、棉花、甘蔗和油菜等（周清波等，2018），全球作物监测已实现43个粮食主产国（含中国）大宗粮油作物（玉米、水稻、小麦和大豆）产量预测（吴炳方等，2019）。另外，国外重点地区的油料作物（如油菜等）产量预测也逐步纳入业务。

从主要作物单产估算的方法看，估算作物单产的技术方法有很多种，如统计调查法、统计预报法、农学预测法、气象估产方法、作物生长模拟和遥感估产方法（任建强等，2005）。其中，前4种方法属于传统经典的方法，而作物生长模拟方法和遥感估产方法则是伴随计算机技术、信息技术和空间技术等高新技术发展起来的新方法。目前，国内大面积作物产量遥感估算模型主要分为3种，即经验模型、半机理模型和机理模型，上述模型各具特点和优势（赵春江，2014；陈仲新等，2016）。经验模型主要利用遥感信息反演的作物生长状况参数（如各类光谱植被指数等）、作物结构参数（如叶面积指数、生物量等）、作物环境参数（如温度、降水、太阳辐射和土壤水分等）等与作物单产间直接建立线性或非线性统计模型，该类模型特点是简单易行，但涉及作物产量形成机理较少（任建强等，2007；Ren et al.，2008；任建强等，2010）。其中，农业气象模型在作物遥感估产经验模型中一直被广泛应用，后来部分遥感估产经验模型同时考虑各类遥感反演信息和非遥感信息（如气象要素等），从而构建混合模型来提高作物产量估测精度；半机理模型又称参数模型，主要利用遥感技术获得作物净初级生产力或作物地上生物量，在此基础上通过收获指数进行修正，从而获得作物单产计算结果（任建强等，2009）。该技术方法和思路的特点是简单实用，可充分发挥遥感获取大范围信息的优势，在业务应用中具有较大的优势，但方法本身对作物机理有所涉及，部分关键参数（如光能利用效率、收获指数等）定量化或空间化信息提取需要进一步加强研究（任建强等，2006，2010）；机理模型主要利用作物生长模型进行作物单产模拟的方法，生长模型主要包括荷兰、美国、澳大利亚及中国等系列模型，该类模型最大特点是机理性强，面向过程，但模型需要输入参数多，在一定程度上限制了作物生长模型在大范围作物估产中的广泛应用。随着遥感同化技术的发展，基于遥感数据同化作物生长模型的农作物产量模拟技术逐渐成为前沿和有发展潜力的应用研究领域。近些年，我国学者已经开展了不同主流模型（如WOFOST、DSSAT和EPIC等）不同同化方法（如EnKF、PF、POD-4DVar、SCE-UA等）支持下的作物生长模型作物单产模拟比较研究（马玉平等，2005；Fang et al.，2008；姜志伟，2012；Jiang et al.，2013，2014；Li et al.，2016；马鸿元等，2018；黄健熙等，2018），具体研究包括模型参数本地化、模型区域化、模型同化方案、精度验证和模型不确定分析等研究，取得了一系列成果，为提高我国农作物单产定量化模拟的技术精度和水平发挥了重要作用（杨鹏等，2007；任建强等，2011；姜志伟等，2012；黄健熙等，2018）。随着遥感同化生长模型进行作物单产模拟技术在国内的逐渐深入，该技术已经有望在我国业务化估产运行中加以应用（Huang et al.，2016；Huang et al.，2019）。

综合来看，上述作物单产估测主要方法均存在各自的特点、优势及不足，在大范围农作物估产业务中很难依靠一种模型、一种方法进行区域作物产量准确估测。目前，在我国的业务化大范围作物估产工作中，为了提高估产精度，增强估产结果可靠性、估产工作可操作性和实效性，充分发挥主要模型的特点和优势，农情监测系统大都在遥感、气象、地面长势和墒情等信息支持下采用多模型、多方法和多尺度整合的遥感估产方法进行作物单产估算，从而进一步提高作物产量估测精度。

8.3 我国农作物产量遥感估测主要发展趋势

经过近20年发展，我国的农作物产量遥感估测研究与应用取得了长足发展，逐步发展建成了适合我国国情的农作物产量遥感估测技术、方法、模型和系统，作物产量监测预测时效性、监测精度和水平得到较大提升，作物估产范围由国内扩展到全球主要产粮国，估产作物由单一种类向多种类扩展，信息源由单一信息向多种信息综合应用发展，作物产量监测预测技术进入业务化运行和宏观决策服务阶段，且向全球整合对地综合应用阶段迈进。但是，我国的农作物产量监测预测仍然存在一些问题需要改进，如作物产量估测目前还是以经验统计模型为主，作物估产中作物生长机理模型应用不足；作物产量监测预测结果多层次和系统性验证需加强；在定量遥感支持下，作物产量遥感估测中不可缺少的作物生长参数（如LAI、fPAR、NPP、叶绿素、fCOVER、作物水分等）遥感提取精度有待进一步提高。此外，作物产量监测预测中高光谱数和雷达数据应用不足，特别是对国外卫星仍然存在一定依赖，对国产卫星数据（如高分卫星系列等）的使用需进一步加强；对国外主要粮食产区的遥感监测尚待进一步加强等。

因此，今后需要进一步加强作物产量监测预测的新原理、新技术、新方法、新传感器等应用与研究，如荧光遥感和雷达遥感等技术，继续加强作物遥感产量估算的关键技术改进和提升，加强人工智能与深度学习、大数据、云计算等技术与作物估产技术的结合应用（陈仲新等，2016；刘海启，2017；唐华俊，2018）；在天地网一体化多尺度多平台遥感数据获取体系支持下，加强多源遥感信息综合应用（组网）与信息融合（吴文斌等，2019），加强以遥感反演参数信息为基础的新型作物估产模型的研发；继续加强定量遥感、数据同化和作物模拟等技术支持下的作物关键参数定量反演、作物产量定量模拟与监测预测等关键技术方法研究，进一步提高作物监测的精度、机理性和定量化水平；加强高光谱卫星和雷达等遥感数据应用研究与应用，推进国产卫星数据（如国产高分系列等）应用与研究（国家发展和改革委员会等，2015；Zhou et al.，2017；陈仲新等，2019）；进一步加强作物产量估算技术标准的研制；进一步提升全球作物产量监测能力，进一步提高作物产量监测精度和监测时效，推动作物产量监测系统的深入应用，为宏观尺度政府决策和管理提供服务（刘海启等，2018）。

本书作者长期从事农业遥感监测研究与业务应用工作，特别是针对适合大范围业务化运行的主要农作物单产估测模型、方法、技术体系等进行了较为系统的研究，并在我国粮食主产区和国外重点粮食产区进行了应用和验证，其中的工作有深有浅，但随着国内外估产技术的不断发展和遥感数据源的不断丰富，部分技术细节还有待进一步完善才能满足农业遥感监测的更高需求，期望本书能为从事农业遥感估产相关研究与应用人员提供一点参考。

参考文献

安秦，陈圣波，2019. 基于光能利用率模型的玉米遥感估产研究[J]. 地理空间信息，17（4）：71-74.

柏建，2000. 四川省小麦产量的自然正交分解模型[J]. 四川气象（1）：28-34.

毕晓丽，王辉，葛剑平，2005. 植被归一化指数（NDVI）及气候因子相关起伏型时间序列变化分析[J]. 应用生态学报，16（2）：284-288.

曹永华，1991. 美国CERES作物模拟模型及其应用[J]. 世界农业（9）：52-55.

陈华，2005. 基于MODIS的农田净初级生产力遥感方法研究[D]. 北京：中国科学院地理科学与资源研究所.

陈怀亮，李颖，张红卫，2015. 农作物长势遥感监测业务化应用与研究进展[J]. 气象与环境科学，38（1）：95-101.

陈利军，刘高焕，冯险峰，2002. 遥感在植被NPP研究中的应用[J]. 生态学杂志，21（2）：53-57.

陈利军，刘高焕，励惠国，2002. 中国植被NPP遥感动态监测[J]. 遥感学报，6（2）：129-136.

陈利军，2001. 中国植被NPP的遥感评估研究[D]. 北京：中国科学院地理科学与资源研究所.

陈乾，1994. 用植被指数监测干旱并估计冬麦产量[J]. 遥感技术与应用，9（3）：12-23.

陈锡康，杨翠红，2002. 农业复杂巨系统的特点与全国粮食产量预测研究[J]. 系统工程理论与实践（6）：108-112.

陈锡康，2001. 投入占用产出技术及其应用研究[J]. 政策与管理（12）：38-39.

陈锡康，1995. 投入占用产出技术与全国粮食、棉花产量预测研究[J]. 科学决策（3）：29-32.

陈正，1997. 试论抽样调查在我国统计调查中的主体地位[J]. 统计与信息论坛（3）：18-21.

陈仲新，郝鹏宇，刘佳，等，2019. 农业遥感卫星发展现状及我国监测需求分析[J]. 智慧农业，1（1）：32-42.

陈仲新，刘海启，周清波，等，2000. 全国冬小麦面积变化遥感监测抽样外推方法的研究[J]. 农业工程学报，16（5）：126-129.

陈仲新，任建强，唐华俊，等，2016. 农业遥感研究应用进展与展望[J]. 遥感学报，20（5）：748-767.

程乾，黄敬峰，王人潮，等，2004. MODIS植被指数与水稻叶面积指数及叶片叶绿素含量相关性研究[J]. 应用生态学报，15（8）：1 363-1 367.

程乾，2006. 基于MOD09产品的水稻叶面积指数和叶绿素含量的遥感估算模型[J]. 应用生态学报，17（8）：1 453-1 458.

程乾，2006. 基于MOD13产品水稻遥感估产模型研究[J]. 农业工程学报，22（3）：79-83.

程志强，蒙继华，2015. 作物单产估算模型研究进展与展望[J]. 中国生态农业学报，23（4）：402-415.

邓良基，2002. 遥感基础与应用[M]. 北京：中国农业出版社：14-18.

杜鑫，吴炳方，蒙继华，等，2010. 基于遥感技术监测作物收获指数（HI）的可行性分析[J]. 中国农业气象，31（3）：453-457.

范锦龙，孟庆岩，吴炳方，等，2003. 基于农业气象模型的农作物单产预测系统[J]. 中国农业气象，24（2）：46-51.

方精云，2000. 全球生态学：气候变化与生态响应[M]. 北京：高等教育出版社.

冯利平，高亮之，金之庆，等，1997. 小麦发育期动态模拟模型的研究[J]. 作物学报，23（4）：418-424.

盖永芹，李晓兵，李霞，等，2008. 基于TM与MODIS遥感数据的农业旱情监测—以河北省为例[J]. 自然灾害学报，17（6）：91-95.

高亮之，金之庆，黄耀，等，1989. 水稻计算机模拟模型及其应用I：水稻钟模型—水稻发育动态的计算机模拟[J]. 中国农业气象，10（3）：3-10.

高亮之，金之庆，黄耀，等，1994. 作物模拟与栽培优化原理的结合-RCSOD[J]. 作物杂志（3）：4-7.

郭德友，吕耀昌，彭德福，等，1986. 农业遥感—农作物估产的理论与方法[M]. 北京：科学出版社.

国家发展和改革委员会，财政部，国家国防科技工业局，等，2015. 国家民用空间基础设施中长期发展规划（2015—2025年）[J]. 卫星应用，6（11）：64-70.

侯光良，游松才，1990. 用筑后模型估算我国植物气候生产力[J]. 自然资源学报，5（1）：60-65.

侯英雨，王建林，毛留喜，等，2009. 美国玉米和小麦产量动态预测遥感模型[J]. 生态学杂志，28（10）：2 142-2 146.

侯英雨，王建林，2005. 利用气象卫星资料估算全球作物总产研究[J]. 气象，31（8）：18-21.

侯英雨，王石立，2002. 基于作物植被指数和温度的产量估算模型研究[J]. 地理学与国土研究，18（3）：105-107.

侯云先，1994. 产量预报中滑动平均法的改进[J]. 河南农业大学学报，28（4）：417-421.

黄健熙，黄海，马鸿元，等，2018. 基于MCMC方法的WOFOST模型参数标定与不确定性分析[J]. 农业工程学报，34（16）：113-119.

黄健熙，黄海，马鸿元，等，2018. 遥感与作物生长模型数据同化研究进展与展望[J]. 农业工程学报，34（21）：144-156.

黄健熙，马鸿元，田丽燕，等，2015. 基于时间序列LAI和ET同化的冬小麦遥感估产方法比较[J]. 农业工程学报，31（4）：197-203.

黄进良，徐新刚，吴炳方，2004. 农情遥感信息与其他农情信息的对比分析[J]. 遥感学报，8（6）：655-663.

黄敬峰，王人潮，王秀珍，等，1999. 冬小麦遥感估产多种模型研究[J]. 浙江大学学报（农业与生命科学版），25（5）：519-523.

黄敬峰，王秀珍，王福民，2013. 水稻卫星遥感不确定性研究[M]. 杭州：浙江大学出版社.

黄敬峰，谢国辉，1996. 冬小麦气象卫星综合遥感[M]. 北京：气象出版社.

黄敬峰，杨忠恩，王人潮，等，2002. 基于GIS的水稻遥感估产模型研究[J]. 遥感技术与应用，17（3）：125-128.

黄青，李丹丹，陈仲新，等，2012. 基于MODIS数据的冬小麦种植面积快速提取与长势监测[J]. 农业机械学报，43（7）：163-167.

黄青，唐华俊，周清波，等，2010. 东北地区主要作物种植结构遥感提取及长势监测[J]. 农业工程学报，26（9）：218-223.

江东，王乃斌，杨小唤，1999. 我国粮食作物卫星遥感估产的研究[J]. 自然杂志，21（6）：351-355.

江东，王乃斌，杨小唤，等，2002. NDVI曲线与农作物长势的时序互动规律[J]. 生态学报，22（2）：247-252.

江南，何隆华，王延颐，1996. 江苏省水稻遥感估产研究[J]. 长江流域资源与环境，5（2）：160-165.

姜志伟，陈仲新，任建强，等，2012. 粒子滤波同化方法在CERES-Wheat作物模型估产中的应用[J]. 农业工程学报，28（14）：138-146.
姜志伟，2012. 区域冬小麦估产的遥感数据同化技术研究[D]. 北京：中国农业科学院研究生院.
焦险峰，杨邦杰，裴志远，等，2005. 基于植被指数的作物产量监测方法研究[J]. 农业工程学报，21（4）：104-107.
康晓风，王乃斌，杨小唤，2002. 粮食种植面积提取方法的发展与现状[J]. 资源科学，24（5）：8-12.
雷钦礼，1999. 中国农产量抽样调查的问题与对策[J]. 山西财经大学学报，21（2）：83-86.
李付琴，田国良，1993. 小麦单产的遥感—气象综合估产模式研究[J]. 环境遥感，8（2）：202-209.
李贵才，2004. 基于MODIS数据和光能利用率模型的中国陆地净初级生产力估算研究[D]. 北京：中国科学院遥感应用研究所.
李贺丽，罗毅，2009. 作物光能利用效率和收获指数时空变化研究进展[J]. 应用生态学报，20（12）：3 093-3 100.
李贺丽，2011. 冬小麦光能利用效率和收获指数的变异性及定量评估研究[D]. 北京：中国科学院研究生院.
李树楷，1992. 全球环境资源遥感分析[M]. 北京：测绘出版社.
李岩，廖圣东，迟国彬，等，2004. 基于DEM的中国东部南北样带森林、农田净初级生产力时空分布特征[J]. 科学通报，49（7）：679-685.
刘广仁，段良琮，2001. 粮食产量数用抽样调查数作为法定数已成为必然[J]. 山西统计（1）：24-25.
刘海启，游炯，王飞，等，2018. 欧盟国家农业遥感应用及其启示[J]. 中国农业资源与区划，39（8）：280-287.
刘海启，2017. 加快数字农业建设，为农业农村现代化增添新动能[J]. 中国农业资源与区划，38（12）：1-6.
刘海启，1997. 美国农业遥感技术应用现状简介[J]. 国土资源遥感（3）：56-60.
刘可群，马哲强，1996. 大冶市双季晚稻气象估产模型[J]. 湖北气象（1）：21-22.
刘可群，张晓阳，黄进良，1997. 江汉平原水稻长势遥感监测及估产模型[J]. 华中师范大学学报（自然科学版），31（4）：482-487.
刘湘南，周占鳌，倪淑洁，1995. CWSI理论及其在玉米遥感监测与估产中的应用[J]. 东北师大学报（自然科学版）（3）：98-102.
刘玉洁，杨忠东，2001. MODIS遥感信息处理原理与算法[M]. 北京：科学出版社.

卢玲，李新，Veroustraete F，2005. 黑河流域植被净初级生产力的遥感估算[J]. 中国沙漠，25（6）：823-830.

陆登槐，1997. 遥感技术在农业工程中的应用[M]. 北京：清华大学出版社.

吕庆喆，2001. 农作物遥感估产方法介绍（上）[J]. 中国统计（5）：56-57.

吕庆喆，2001. 农作物遥感估产方法介绍（下）[J]. 中国统计（6）：52-53.

马鸿元，黄健熙，黄海，等，2018. 基于历史气象资料和WOFOST模型的区域产量集合预报[J]. 农业机械学报，49（9）：257-266.

马龙，2005. 东北三江平原湿地植被NPP的遥感方法研究[D]. 北京：中国科学院地理科学与资源研究所.

马茵驰，阎广建，丁文，等，2009. 基于人工神经网络方法的冬小麦叶面积指数反演[J]. 农业工程学报，25（12）：187-192.

马玉平，王石立，张黎，2005. 基于遥感信息的华北冬小麦区域生长模型及模拟研究[J]. 气象学报，63（2）：204-215.

马玉平，王石立，张黎，等，2005. 基于遥感信息的作物模型重新初始化/参数化方法研究初探[J]. 植物生态学报，29（6）：918-926.

蒙继华，2006. 农作物长势遥感监测指标研究[D]. 北京：中国科学院.

孟庆岩，李强子，吴炳方，2004. 农作物单产预测的运行化方法[J]. 遥感学报，8（6）：602-610.

孟宪钺，肖淑招，张桂宗，1993. NOAA/AVHRR资料在冬小麦长势监测中的应用[C]//李郁竹. 冬小麦气象卫星遥感动态监测与估产. 北京：气象出版社.

莫兴国，林忠辉，李宏轩，等，2004. 基于过程模型的河北平原冬小麦产量和蒸散量模拟[J]. 地理研究，23（5）：623-631.

南都国，吴溪涌，1997. 黑龙江垦区粮豆产量预测模型[J]. 黑龙江农业科学（4）：38-41.

潘学标，2003. 作物模型原理[M]. 北京：气象出版社.

潘耀忠，张锦水，朱文泉，等，2013. 粮食作物种植面积统计遥感测量与估产[M]. 北京：科学出版社.

朴世龙，方精云，郭庆华，2001. 利用CASA模型估算我国植被净第一性生产力[J]. 植物生态学报，25（5）：603-608.

戚昌瀚，殷新佑，刘桃菊，等，1994. 水稻生长日历模型（RICAM）的调控决策系统（RICOS）研究I：水稻调控决策系统（RICOS）的系统设计[J]. 江西农业大学学报，16（4）：323-327.

钱永兰，侯英雨，延昊，等，2012. 基于遥感的国外作物长势监测与产量趋势估计[J]. 农业工程学报，28（13）：166-171.

秦军，2005. 优化控制技术在遥感反演地表参数中的研究与应用[D]，北京：北京师范大学.

全国冬小麦遥感综合测产协作组，1993. 冬小麦气象卫星遥感动态监测与估产[M]. 北京：气象出版社.

任建强，陈仲新，唐华俊，等，2011. 基于遥感信息和作物生长模型的区域作物单产模拟[J]. 农业工程学报，27（8）：257-264.

任建强，陈仲新，唐华俊，等，2006. 基于植物净初级生产力模型的区域冬小麦估产研究[J]. 农业工程学报，22（5）：111-117.

任建强，陈仲新，唐华俊，等，2007. 长时间序列NOAA-NDVI数据在冬小麦区域估产中的应用[J]. 遥感技术与应用，22（3）：326-332.

任建强，陈仲新，周清波，等，2015. MODIS植被指数的美国玉米单产遥感估测[J]. 遥感学报，19（4）：568-577.

任建强，陈仲新，周清波，等，2010. 基于时序归一化植被指数的冬小麦收获指数空间信息提取[J]. 农业工程学报，26（8）：160-167.

任建强，陈仲新，周清波，等，2010. 基于叶面积指数反演的区域冬小麦单产遥感估测[J]. 应用生态学报，21（11）：2 883-2 888.

任建强，刘海启，2010. 数字农业[R]//杜平，曾澜，承继成，等. 数字中国发展报告（2009）. 北京：电子工业出版社.

任建强，刘杏认，陈仲新，等，2009. 基于作物生物量估计的区域冬小麦单产预测[J]. 应用生态学报，20（4）：872-878.

任建强，唐华俊，陈仲新，2005. 农作物产量估计和预报方法研究现状与发展趋势[C]//唐华俊，周清波. 资源遥感与数字农业. 北京：中国农业科学技术出版社. 11-20.

申双和，杨沈斌，李秉柏，等，2009. 基于ENVISAT ASAR数据的水稻估产方案[J]. 中国科学（D辑：地球科学），39（6）：763-773.

沈掌泉，王珂，王人潮，1997. 基于水稻生长模拟模型的光谱估产研究[J]. 遥感技术与应用，12（2）：17-20.

史定珊，关文雅，毛留喜，等，1993. 河南省冬小麦遥感苗情长势动态监测技术[C]//李郁竹. 冬小麦气象卫星遥感动态监测与估产. 北京：气象出版社. 107-110.

史定珊，1986. NOAA气象卫星遥感技术在冬小麦产量监测预测中的应用[J]. 河南气象（6）：10-15.

史晓亮，杨志勇，王馨爽，等，2017. 基于光能利用率模型的松嫩平原玉米单产估算[J]. 水土保持研究，24（5）：385-390.

史永臣，刘振忠，2001. 农作物产量预报模型研究与实践[J]. 生物数学学报，16（2）：

229-233.
孙九林，1996. 中国农作物遥感动态监测与估产总论[M]. 北京：中国科学技术出版社.
孙睿，1998. 基于AVHRR-NDVI资料的中国陆地植被NPP研究[D]. 北京：北京师范大学.
汤志成，高苹，1996. 作物产量预报系统[J]. 中国农业气象，17（2）：49-52.
唐华俊，周清波，姚艳敏，2016. 农业空间信息标准与规范[M]. 北京：中国农业出版社.
唐华俊，2018. 农业遥感研究进展与展望[J]. 农学学报，8（1）：175-179.
田国良，项月琴. 遥感估算水稻产量[J]. 环境遥感，9（1）：23-30.
王宝海，2001. 卫星遥感法在农业调查中的应用[J]. 统计与信息论坛，16（47）：27-28.
王建林，宋迎波，杨霏云，等，2007. 世界主要产粮区粮食产量业务预报方法研究[M]. 北京：气象出版社.
王建林，吕厚荃，张国平，等，2005. 农业气象预报[M]. 北京：气象出版社.
王建林，太华杰，1996. 粮食作物产量估算方法研究[J]. 气象，22（12）：6-9.
王乃斌，周迎春，林跃明，等，1993. 大面积小麦遥感估产模型的构建与调试方法的研究[J]. 环境遥感，8（4）：25-259.
王乃斌，1996. 中国小麦遥感动态监测与估产[M]. 北京：中国科学技术出版社.
王人潮，黄敬峰，2002. 水稻遥感估产[M]. 北京：中国农业出版社.
王人潮，王珂，沈掌泉，等，1998. 水稻单产遥感估测建模研究[J]. 遥感学报，2（5）：119-124.
王荣堂，刘章勇，1996. 江陵小麦生长的气象条件及小麦产量预测[J]. 湖北农学院学报，16（3）：175-180.
王长耀，林文鹏，2005. 基于MODIS EVI的冬小麦产量遥感预测研究[J]. 农业工程学报，21（10）：90-94.
王正兴，刘闯，Huete A R，2003. 植被指数研究进展：从AVHRR-NDVI到MODIS-EVI[J]. 生态学报，23（5）：979-987.
吴炳方，曾源，黄进良，2004. 遥感提取植物生理参数LAI/FPAR的研究进展与应用[J]. 地球科学进展（4）：585-590.
吴炳方，李强子，2004. 基于两个独立抽样框架的农作物种植面积遥感估算方法[J]. 遥感学报，8（6）：551-569.
吴炳方，蒙继华，李强子，等，2010. “全球农情遥感速报系统（CropWatch）”新进展[J]. 地球科学进展，25（10）：1 013-1 022.
吴炳方，蒙继华，李强子，2010. 国外农情遥感监测系统现状与启示[J]. 地球科学进展，25（10）：1 003-1 012.
吴炳方，张峰，刘成林，等，2004. 农作物长势综合遥感监测方法[J]. 遥感学报，8

（6）：498-514.
吴炳方，张森，曾红伟，等，2019. 全球农情遥感速报系统20年[J]. 遥感学报，23（6）：1 053-1 063.
吴炳方，2000. 全国农情监测与估产的运行化遥感方法[J]. 地理学报，55（1）：25-35.
吴炳方，2004. 中国农情遥感监测研究[J]. 中国科学院院刊，19（3）：202-205.
吴炳方，2004. 中国农情遥感速报系统. 遥感学报，8（6）：481-497.
吴锦，余福水，陈仲新，等，2009. 基于EFAST的EPIC模型冬小麦生长模拟参数敏感性分析[J]. 农业工程学报，25（7）：136-142.
吴文斌，史云，周清波，等，2019. 天空地数字农业管理系统框架设计与构建建议[J]. 智慧农业，1（2）：64-72.
武建军，2001. RS、GPS、GIS技术支持下的农作物估产[D]. 新疆：中国科学院新疆生态与地理研究所.
夏绘秦，2003. 现行统计调查方法存在的问题及对策[J]. 统计与信息论坛，18（5）：54-56.
肖乾广，周嗣松，陈维英，等，1986. 用气象卫星数据对冬小麦进行估产试验[J]. 环境遥感，1（4）：260-269.
肖淑招，孟宪铱，张桂宗，等，1988. NOAA/AVHRR资料在中小尺度地区进行冬小麦估产的应用研究[J]. 环境遥感，3（3）：12-15.
徐希孺，牛铮，1994. 对建立遥感估产模式的几点初步认识[J]. 环境遥感，9（2）：100-105.
徐新刚，吴炳方，蒙继华，等，2008. 农作物单产遥感估算模型研究进展[J]. 农业工程学报，24（2）：290-298.
许文波，田亦陈，2005. 作物种植面积遥感提取方法的研究进展[J]. 云南农业大学学报，20（1）：94-98.
闫岩，柳钦火，刘强，等，2006. 基于遥感数据与作物生长模型同化的冬小麦长势监测与估产方法研究[J]. 遥感学报，10（5）：804-811.
晏明，刘志明，晏晓英，2005. 用气象卫星资料估算吉林省主要农作物产量[J]. 气象科技，33（4）：350-354.
杨邦杰，裴志远，周清波，等，2002. 我国农情遥感监测关键技术研究进展[J]. 农业工程学报，18（3）：191-194.
杨邦杰，裴志远，1999. 农作物长势的定义与遥感监测[J]. 农业工程学报，15（3）：214-218.
杨鹏，吴文斌，周清波，等，2008. 基于光谱反射信息的作物单产估测模型研究进展[J].

农业工程学报，24（10）：262-268.
杨鹏，吴文斌，周清波，等，2007. 基于作物模型与叶面积指数遥感同化的区域单产估测研究[J]. 农业工程学报，23（9）：130-136.
杨小唤，张香平，江东，2004. 基于MODIS时序NDVI特征值提取多作物播种面积的方法[J]. 资源科学，26（6）：17-22.
杨星卫，周红妹，李军，等，1998. 全球稻谷主产国遥感估产可行性研究[J]. 应用气象学报，9（2）：251-256.
于小克，2001. 用航模遥测技术改造农产量抽样调查[J]. 统计与决策（1）：15-16.
张峰，吴炳方，罗治敏，2004. 美国冬小麦产量遥感预测方法[J]. 遥感学报，8（6）：611-617.
张宏名，王家圣，1989. 农作物遥感监测与估产[M]. 北京：北京农业大学出版社.
张佳华，符涂斌，王长耀，2000. 遥感信息结合植物光合生理特性研究区域作物产量水分胁迫模型[J]. 大气科学，24（5）：683-693.
张佳华，2001. 自然植被第一性生产力和作物产量估测模型研究[J]. 上海农业学报，17（3）：83-89.
张仁华，1983. 遥感作物估产的一个改进模式[J]. 科学通报，28（20）：1 259-1 262.
张仁华，1989. 以作物光谱与热红外信息为基础的复合估产模式[J]. 科学通报，34（17）：1 331-1 334.
张宪洲，1992. 我国自然植被净第一性生产力的估算与分布[J]. 自然资源（1）：15-21.
张晓煜，王连喜，张锋，等，2000. 银川地区玉米遥感估产研究[J]. 宁夏农林科技（2）：14-17.
张宇，赵四强，1989. 国外作物生长模拟简介[J]. 气象，15（8）：47-50.
赵春江，2014. 农业遥感研究与应用进展[J]. 农业机械学报，45（12）：277-293.
赵庚星，余松烈，2001. 冬小麦遥感估产研究进展[J]. 山东农业大学学报（自然科学版），32（1）：107-111.
赵艳霞，秦军，周秀骥，2005. 遥感信息与棉花模型结合反演模型初始值和参数的方法研究[J]. 棉花学报，17（5）：280-284.
赵艳霞，周秀骥，梁顺林，2005. 遥感信息与作物生长模式的结合方法和应用研究进展[J]. 自然灾害学报，14（1）：103-109.
赵英时，2003. 遥感应用分析原理与方法[M]. 北京：科学出版社.
周广胜，张新时，1995. 自然植被净第一性生产力模型初探[J]. 植物生态学报，19（3）：193-200.
周磊，李刚，贾德伟，等，2017. 基于光能利用率模型的河南省冬小麦单产估算研究. 中国农业资源与区划，38（6）：108-115.
周清波，吴文斌，宋茜，2018. 数字农业研究现状和发展趋势分析[J]. 中国农业信息，30（1）：1-9.
周清波，2004. 国内外农情遥感现状与发展趋势[J]. 中国农业资源与区划，25（5）：9-14.
朱文泉，2005. 中国陆地生态系统植被净初级生产力遥感估算及其与气候变化关系的研究[D]. 北京：北京师范大学.
朱晓红，谢昆青，徐希孺，1989. 冬小麦产量构成分析与遥感估产[J]. 环境遥感，4（2）：116-127.
Allen R G，Pereira L S，Raes D，et al.，1998. Crop evapotranspiration-Guidelines for computing crop water requirements[R]. FAO.
Asrar G，Fuchs M，Kanemasu E T，et al.，1984. Estimating absorbed photosynthetic radiation and leaf area index from spectral reflectance in wheat[J]. Agronomy Journal，76：300-306.
Baez-Gonzalez A D，Kiniry J R，Maas S J，et al.，2005. Large-area maize yield forecasting using leaf area index based yield model[J]. Agronomy Journal，97：418-425.
Baret F，Guyot G，Major D J，et al.，1989. Crop biomass evaluation using radiometric measurements[J]. Photogrammetria（PRS），43：241-256.
Bastiaanssen W G M，Ali S，2003. A new crop yield forecasting model based on satellite measurements applied across the Indus Basin，Pakistan[J]. Agriculture，Ecosystems and Environment，94：321-340.
Becker-Reshef I，Vermote E，Lindeman M，et al.，2010. A generalized regression-based model for forecasting winter wheat yields in Kansas and Ukraine using MODIS data[J]. Remote Sensing of Environment，114：1 312-1 323 .
Bolton D K，Friedl M A，2013. Forecasting crop yield using remotely sensed vegetation indices and crop phenology metrics[J]. Agricultural and Forest Meteorology，173：74-84.
Boogaard H L，Eerens H，Supit I，et al.，Description of the MARS Crop Yield Forecasting System（MCYFS）. METAMP-1/3[R]，Alterra and VITO，JRC-contract 19226-2002-02-F1FED ISPNL.
Boogaard H，Wolf J，Supit I，et al.，2013. A regional implementation of WOFOST for calculating yield gaps of autumn-sown wheat across the European Union[J]. Field Crops Research，143：130-142.

Boryan C, Yang Z, Mueller R, et al., 2011. Monitoring US agriculture: the US Department of Agriculture, National Agricultural Statistics Service, Cropland Data Layer Program[J]. Geocarto International, 26（5）: 341-358.

Bouman B A, 1995. Crop Modeling and Remote Sensing for Yield Prediction[J]. Netherlands Journal of Agricultural Science, 43: 143-161.

Buheaosier K, Tsuchiya M, Kaneko, et al., 2003. Comparison of image data acquired with AVHRR, MODIS, ETM+ and ASTER over Hokkaido, Japan[J]. Adv. Space Res., 32（11）: 2 211-2 216.

Chen J, Jonsson P, Tamura M, et al., 2004. A simple method for reconstructing a high-quality NDVI time-series data set based on the Savitzky-Golay filter[J]. Remote Sensing of Environment, 91（3-4）: 332-344.

Chen X, 1990. Input-occupancy-output analysis and its application in China[C]. In: Manas C, Robert E K, eds. Dynamics and Conflicts in Regional Structural Change. London: Macmillan Press: 267-278.

Chen Z, Li S, Ren J, et al., 2008. Monitoring and management of agriculture with remote sensing[M]. In: Liang S-L, ed. Advances in Land Remote Sensing: System, Modeling, Inversion and Application. New York: Springer: 397-421.

Chen Zhongxin, Zhou Qingbo, Liu Jia, et al., 2011. CHARMS-China Agricultural Remote Sensing Monitoring System[C]. Proceedings of IEEE International Geoscience and Remote Sensing Symposium（IGARSS’2011）: 3 530-3 533.

Clevers J G P W, van Leeuwen H J C, 1996. Combined Use of optical and Microwave Remote Sensing Data for Crop Growth Monitoring[J]. Remote Sensing of Environment, 56（1）: 42-51.

Clevers J G P W, van Leeuwen H J C, 1995. Linking Remotely Sensed Information with Crop Growth Models for Yield Prediction-A Case Study for Sugarbeet[C]. In: Proceedings of Seminar on Yield Forecasting. FAO. 24-27 Oct, France.

Cosby B J, Hornsberger G M, Galloway J N, 1985. Modeling the effect of acid deposition: Estimation of long term water quality response in a small forested catchment[J]. Water Resour. Res., 21: 1 591-1 601.

Cramer W, Kicklighter D W, Bondeau A, et al., 1999. Comparing global models of terrestrial net primary productivity（NPP）: overview and key results[J]. Global Change Biology, 5（suppl. 1）: 1-15.

Dabrowska-Zielinska K, Kogan F, Ciolkosz A, et al., 2002. Modelling of crop growth conditions and crop yield in Poland using AVHRR-based indices[J]. International Journal of Remote Sensing，23（6）：1 109-1 123.

Dadhwal V K，Ray S S，2000. Crop assessment using remote sensing-Part II：Crop condition and yield assessment[J]. Indian Journal of Agricultural Economic，55（2）：54-67.

Dadhwal V K，Sridhar V N，1997. A Non-linear Regression Form for VI-crop Yield Relation Incorporating Acquisition Data Normalization[J]. International Journal of Remote Sensing，18（6）：1 403-1 408.

de Wit A J W，van Diepen C A，2007. Crop model data assimilation with the Ensemble Kalman filter for improving regional crop yield forecasts[J]. Agricultural and Forest Meteorology，146（1-2）：38-56.

de Wit A，Duveiller G，Defourny P，2012. Estimating regional winter wheat yield with WOFOST through the assimilation of green area index retrieved from MODIS observations[J]. Agricultural and Forest Meteorology，164：39-52.

de Wit C T，1970. Dynamic concepts in biology[C]. In：Prediction and Management of Photosynthetic Productivity. Proceedings International Biological Program/Plant Production Technical Meeting. Wageningen：Pudoc：17-23.

de Wit C T，1978. Simulation of assimilation，respiration and transpiration of crops[M]. Simulation Monographs. Wageningen：Pudoc.

Delecolle R，Mass S J，Guerif M，et al.，1992. Remote Sensing and Crop Production Models[J]. ISPRS Journal of Photogrammetry and Remote Sensing，47（2-3）：145-161.

Dente L，Satalino G，Mattia F，et al.，2008. Assimilation of leaf area index derived from ASAR and MERIS data into CERES-Wheat model to map wheat yield[J]. Remote Sensing of Environment，112（4）：1 395-1 407.

Doraiswamy P C，Hatfield J L，Jackson T J，et al.，2004. Crop condition and yield simulations using Landsat and MODIS[J]. Remote Sensing of Environment，92：548-559.

Doraiswamy P C，Sinclair T R，Hollinger S，et al.，2005. Application of MODIS derived parameters for regional crop yield assessment[J]. Remote Sensing of Environment，97：192-202.

Doralswamy P C，Moulin S，Cook P W，et el.，2003. Crop Yield Assessment from Remote Sensing[J]. Photogrammetric Engineering and Remote Sensing，69（6）：665-674.

Dorigo W A，Zurita-Milla R，de Wit A J W，et al.，2007. A review on reflective remote sensing and data assimilation techniques for enhanced agroecosystem modeling[J].

International Journal of Applied Earth Observation and Geoinformation, 9（2）: 165–193.

Du X, Wu B, Li Q, et al., 2009. A method to estimated winter wheat yield with the MERIS data[C]. Proceedings of Progress in Electromagnetics Research Symposium, Beijing, China: 1 392–1 395.

Duan Q Y, Gupta V K, Sorooshian S, 1993. Shuffled Complex Evolution Approach for Effective and Efficient Global Minimization[J]. Journal of Optimization theory and Application, 76（3）: 501–521.

Duan Q Y, Sorooshian S, Gupta V K, 1992. Effective and efficient global optimization for conceptual rainfall-runoff models[J]. Water Resources Research, 28（4）: 1 015–1 031.

Duan Q Y, Sorooshian S, Gupta V K, 1994. Optimal use of SCE-UA global optimization method for calibrating watershed models[J]. Journal of hydrology, 158（3–4）: 265–284.

Easterlinga W E, Weissb A, Hays C J, et al., 1998. Spatial scales of climate information for simulating wheat and maize productivity: the case of US Great Plains[J]. Agricultural and Forest Meteorology, 90（1–2）: 51–63.

Eck T F, Dye D G. 1991. Sattellite estimation of incident photosynthetically active radiation using ultraviolet reflectance[J]. Remote Sensing of Environment, 38: 135–146.

Elvidge C D, Chen Z, 1995. Comparison of broad-band and narrow-band red and near-infrared vegetation indices[J]. Remote Sensing of Environment, 54（1）: 38–48.

Fang H, Liang S, Hoogenboom G, et al., 2008. Corn yield estimation through assimilation of remotely sensed data into the CSM-CERES-Maize model[J]. International Journal of Remote Sensing, 29（10）: 3 011–3 032.

Fang H, Liang S, Kuusk A, 2003. Retrieving leaf area index using a genetic algorithm with a canopy radiative transfer model[J]. Remote Sensing of Environment, 85: 257–270.

Fang Hongliang, Liang Shunlin, 2003. Retrieving leaf area index with a neural network methods: simulation and validation[J]. IEEE Transactions on Geoscience and Remote Sensing, 41（9）: 2 052–2 062.

Fensholt R, Sandholt I, Rasmussen M S, 2004. Evaluation of MODIS LAI, fPAR and the relation between fPAR and NDVI in a semi-arid environment using in situ measurements[J]. Remote Sensing of Environment, 91: 490–507.

Ferencz C S, Bognar P, Lichtenberger J, et al., 2004. Crop yield estimation by satellite remote sensing[J]. International Journal of Remote Sensing, 25（20）: 4 113–4 149.

Field C B, Behrenfeld M J, Randerson J T, et al., 1998. Primary production of the biosphere: Integrating terrestrial and oceanic components[J]. Science, 281: 237-240.

Field C B, Randerson J T, Malmstrom C M, 1995. Global net primary production: combining ecology and remote sensing[J]. Remote Sensing of Environment, 51: 74-88.

Gao B C, 2000. A Practical Method for Simulating AVHRR-Consistent NDVI Data Series Using Narrow MODIS Channels in the 0.5-1.0μm Spectral Range[J]. IEEE Transactions on Geoscience and Remote Sensing, 38（4）: 1 969-1 975.

Gao X, Huete A R, Ni W, et al., 2000. Optical-biophysical relationships of vegetation spectra without background contamination[J]. Remote Sensing of Environment, 74（3）: 609-620.

Gitelson A, Kaufman Y, 1998. MODIS NDVI optimization to fit the AVHRR data series-spectral consideration[J]. Remote Sensing of Environment, 66（3）: 343-350.

Global Land Biosphere Data and Information Web Site, http://daac.gsfc.nasa.gov/data/dataset/AVHRR/01_Data_Products/index.html.

Goetz S J, Prince S D, Goward S N, et al., 1999. Satellite remote sensing of primary production: an improved production efficiency modeling approach[J]. Ecol. Model, 122: 239-255.

Goetz S J, Prince S D, 1999. Modelling terrestrial carbon exchange and storage: evidence and implications of functional convergence light use efficiency[J]. Adv. Ecol. Res., 28: 57-92.

Goldberg B, Klein W H, 1980. A model for determination the spectral quality of daylight on a horizontal surface at any geographical location[J]. Solar Energy, 24: 351-357.

Goward S N, Dye D, 1997. Global biospheric monitoring with remote sensing[C]. In: Gholtz H L, Nakane K, Shimoda H, eds. The use of remote sensing in modeling forest productivity, New York: Kluwer Academic.

Green C F, 1987. Nitrogen nutrition and wheat growth in relation to absorbed solar radiation[J]. Agric. For. Meteorol., 41: 207-248.

Gregory P J, Tennant D, Belford R K, 1992. Root and shoot growth and water and light use efficiency of barley and wheat crops grown on a shallow duplex soil in a Mediterranean-type environment[J]. Aust. J. Agric. Res., 43: 555-573.

Guerif M, Duke C L, 2000. Adjustment procedures of a crop model to the site specific characteristics of soil and crop using remote sensing data assimilation[J]. Agriculture, Ecosystems & Environment, 81（1）: 57-69.

Han W，Yang Z，Di L，et al.，2014. A geospatial web service approach for creating on-demand cropland data layer thematic maps[J]. Transactions of the ASABE，57（1）：239-247.

Hanan N P，Prince S D，Bégué A，1995. Estimation of absorbed photosynthetically active radiation and vegetation net production efficiency using satellite data[J]. Agricultural and Forest Meteorology，76：259-276.

Hanan N P，Prince S D，Bégué A，1997. Modelling vegetation primary production during HAPEX-Sahel using production efficiency and canopy conductance model formulations[J]. Journal of Hydrology，188-189（1）：651-675.

Hayes M J，Decker W L，1996. Using NOAA AVHRR data to estimate maize production in the United States corn belt[J]. Int. J. Remote Sens.，17：3 189-3 200.

Heimann M，Keeling C D，1989. A three-dimensional model of atmospheric CO_2 transport based on observed winds：2. Model description and simulated tracer experiments[C]. In：Peterson D H，ed. Climate Variability in the Pacific and the Western Americas. American Geophysical Union：237-275.

Hill M J，Donald G E，2003. Estimating spatio-temporal patterns of agricultural productivity in fragmented landscapes using AVHRR NDVI time series[J]. Remote Sensing of Environment，84（3）：367-384.

Hodges T，1991. Predicting crop phenology[M]. Florida，USA：CRC Press：1-189.

Hoogenboom G，Wilkens P W，Tsuji G Y，1999. DSSAT Version 3，Volume 4[M]. University of Hawaii，Honolulu，Hawaii.

Huang Jianxi，Gómez-Dans Jose L，Huang Hai，et al.，2019. Assimilation of remote sensing into crop growth models：current status and perspectives[J]. Agricultural and Forest Meteorology，276（277）：107 609.

Huang Jianxi，Sedano Fernando，Huang Yanbo，et al.，2016. Assimilating a synthetic Kalman filter leaf area index series into the WOFOST model to estimate regional winter wheat yield[J]. Agricultural and Forest Meteorology，216：188-202.

Huete A R，Didan K，Miura T，et al.，2002. Overview of the radiometric and biophysical performance of the MODIS vegetation indices[J]. Remote Sens. Environ.，83（1-2）：195-213.

Huete A R，Justice C，Liu H Q，1994. Development of vegetation and soil indices for MODIS-EOS[J]. Remote Sensing of Environment，49（3）：224-234.

Huete A R，Liu H Q，Batchily K，et al.，1997. A comparison of vegetation indices over a global set of TM images for EOS-MODIS[J]. Remote Sensing of Environment, 59（3）: 440-451.

Huete A R, Liu H Q, 1994. An error and sensitivity analysis of the atmospheric and soil-correcting variants of the NDVI for the MODIS-EOS[J]. IEEE Transactions on Geoscience and Remote Sensing, 32（4）: 897-905.

Jiang Zhiwei, Chen Zhongxin, Chen Jin, et al., 2014. Application of Crop Model Data Assimilation With a Particle Filter for Estimating Regional Winter Wheat Yields[J]. IEEE Journal of Selected Topics in Applied Earth Observations and Remote Sensing, 7（11）: 4 422-4 431.

Jiang Zhiwei, Chen Zhongxin, Chen Jin, et al., 2014. Estimation of regional crop yield based on an ensemble-based four-dimensional variational data assimilation[J]. Remote Sens, 6: 2 664-2 681.

Johnson D M, 2014. An assessment of pre-and within-season remotely sensed variables for forecasting corn and soybean yields in the United States. Remote Sensing of Environment, 141: 116-128.

Jones C A, Dyke P T, Williams J R, et al., 1991. EPIC: An operational model for evaluation of agricultural sustainability[J]. Agricultural Systems, 37（4）: 341-350.

Jonsson P, Eklundh L, 2002. Seasonality extraction by function fitting to time-series of satellite sensor data[J]. IEEE Transactions on Geoscience and Remote Sensing, 40（8）: 1 824-1 832.

Justice C, Becker-Reshef I, Parihar J S, 2010. Global agriculture monitoring（GLAM）, Global Agricultural Monitoring Community of Practice（GEO Task: AG-07-03a）[M]. Luxembourg: Publications Office of the European Union.

Kastens J H, Kastens T L, Kastens D L A, et al., 2005. Image masking for crop yield forecasting using AVHRR NDVI time series imagery[J]. Remote Sensing of Environment, 99: 341-356.

Kimes D S, Knyazikhin Y, Privette J L, et al., 2000. Inversion methods for physically-based models[J]. Remote Sensing Reviews, 18: 381-439.

Kogan F, Kussul N, Adamenko T, et al., 2013. Winter wheat yield forecasting in Ukraine based on Earth observation, meteorological data and biophysical models[J]. International Journal of Applied Earth Observation and Geoinformation, 23: 192-203.

Kowalik W, Dabrowska-Zielinska K, Meroni M, et al., 2014. Yield estimation using SPOT-VEGETATION products: A case study of wheat in European countries[J].

International Journal of Applied Earth Observation and Geoinformation, 32: 228-239.

Launay M, Guerif M, 2005. Assimilating remote sensing data into a crop model to improve predictive performance for spatial applications[J]. Agriculture, Ecosystems and Environment, 111: 321-339.

Li H, Luo Y, Xue X, et al., 2011. A comparison of harvest index estimation methods of winter wheat based on field measurements of biophysical and spectral data[J]. Biosystems Engineering, 109 (4): 396-403.

Li He, Chen Zhongxin, Jiang Zhiwei, et al., 2017. Comparative Analysis of GF-1, HJ-1, and Landsat-8 Data for Estimating the Leaf Area Index of Winter Wheat[J]. Journal of Integrative Agriculture, 16 (2): 266-285.

Li He, Jiang Zhiwei, Chen Zhongxin, et al., 2016. Assimilation of temporal-spatial leaf area index into the CERES-Wheat model with Ensemble Kalman Filter and uncertainty assessment for improving winter wheat yield estimation[J]. Journal of Integrative Agriculture, 15: 60 345-60 347.

Liang S, 2004. Quantitative Remote Sensing of Land Surfaces[M]. New York: John Wiley and Sons, Inc.

Lieth H, Whittaker R H, 1975. Primary productivity of the Biosphere[M]. New York: Springer Verlag.

Liu J, Pattey E, Miller J R., et al., 2010. Estimating crop stresses, aboveground dry biomass and yield of corn using multi-temporal optical data combined with a radiation use efficiency model. Remote Sensing of Environment, 114: 1 167-1 177.

Lobell D B, Asner G P, Oritiz-Monasterio J I, et al., 2003. Remote sensing of regional crop production in the Yaqui Valley, Mexico: etimates and uncertainties[J]. Agriculture, Ecosystems and Environment, 94: 205-220.

Los S O, 1998. Linkages between global vegetation and climate: an analysis based on NOAA Advance Very High Resolution Radiometer data[D]. National Aeronautics and Space Administration (NASA).

Ma Y, Wang S, Zhang L, et al., 2008. Monitoring winter wheat growth in North China by combining a crop model and remote sensing data[J]. International Journal of Applied Earth Observation and Geoinformation, 10 (4): 426-437.

McCullough E C, 1968. Total daily radiant energy available extraterrestrially as a harmonic serise in the day of the Year[J]. Arch. Met. Geoph. Biokl., Ser. B, 16: 129-143.

Melillo J M, McGuire A D, Kicklighter D W, et al., 1993. Global climate change and terrestrial net primary production[J]. Nature，363：234–240.

Mkhabela M S，Bullock P，Raj S，et al.，2011. Crop yield forecasting on the Canadian Prairies using MODIS NDVI data[J]. Agricultural and Forest Meteorology，151：385–393.

Mkhabela M S，Mkhabela M S，Mashinini N N，2005. Early maize yield forecasting in the four agro-ecological regions of Swaziland using NDVI data derived from NOAA's-AVHRR[J]. Agricultural and Forest Meteorology，129（1–2）：1–9.

Monteith J L，1977. Climate and the efficiency of crop production in Britain[J]. Philosophical Transactions of the Royal Society of London，B，281：277–294.

Monteith J L，1972. Solar radiation and productivity in tropical ecosystems[J]. The Journal of Applied Ecology，9：747–766.

Moulin S，Bondeau A，Delecolle R，1998. Combining agricultural crop models and satellite observations：from field to regional scales[J]. International Journal of Remote Sensing，19（6）：1 021–1 036.

Myneni R B，Dong J，Tucker C J，et al.，2001. A large carbon sink in the woody biomass of northern forests[J]. Proc. Natl. Acad. Sci. USA.，98（26）：14 784–14 789.

Myneni R B，Knyazikhin Y，Privette J L，et al.，2002. Global products of vegetation leaf area and fraction absorbed PAR from year one of MODIS data[J]. Remote Sensing of Environment，83：214–231.

Myneni R B，Nemani R R，Running S W，1997. Estimation of global leaf area index and absorbed PAR using radiative transfer models[J]. IEEE Transactions on Geoscience and Remote Sensing，35：1 380–1 393.

Myneni R B，Privette J L，Running S W，et al.，1999. MODIS Leaf Area Index（LAI）and Fraction of Photosynthetically Active Radiation Absorbed By Vegetation（fPAR）Product（MOD15）[S]. Algorithm Theoretical Basis Document，http://modis.gsfc.nasa.gov/data/atbd/.

Myneni R B，Williams D L，1994. On the relationship between fAPAR and NDVI[J]. Remote Sensing of Environment，49：200–211.

Narasimhan R L，Chandra H，2000. Application of remote sensing in agricultural statistics[J]. Indian J. Agr. Econ.，55（2）：120–124.

Navalgund R R，Parihar J S，Ajai，et al.，2000. Crop inventory using remote sensed data[J]. Indian Journal of Agricultural Economics，55（2）：96–109.

Noilhan J，Planton S，1989. A simple parameterization of land surface processes for meteorological models[J]. Mon. Wea. Rev.，117：536–549.

Parton W J, Scurlock J M O, Ojima D S, et al., 1993. Observations and modeling of biomass and soil organic matter dynamics for the grassland biome worldwide[J]. Global Biogeochem Cycles, 7（4）: 85-809.

Penning de Vries F W T, Jansen D M, ten Berge H F M, et al., 1989. Simulation of ecophysiological processes of growth in several annual crops[C]. Simulation Monographs. Wageningen, Netherlands: Pudoc.

Piccard I, Diepen C A van, Boogaard H L, et al., Other yield forecasting systems: description and comparison with the MARS Crop Yield Forecasting System（MCYFS）. METAMP-2/3[R], Alterra and VITO, JRC-contract 19226-2002-02-F1FED ISPNL.

Pinter Jr P J, Hatfield J L, Schepers J S, et al., 2003. Remote sensing for crop management[J]. Photogrammetric Engineering & Remote Sensing, 69（6）: 647-664.

Potter C S, Randerson J T, Field C B, et al., 1993. Terestrial ecosystem production: a process model based on global satellite and surface data[J]. Global Biogeochem. Cycles, 7: 811-841.

Prasad A K, Chai L, Singh R P, et al., 2006. Crop yield estimation model for Iowa using remote sensing and surface parameters[J]. International Journal of Applied Earth Observation and Geoinformation, 8（1）: 26-33.

Prince S D, Goward S N, 1995. Global primary production: a remote sensing approach[J]. Journal of Biogeography, 22: 815-835.

Raich J W, Rastetter E B, Melillo J M, et al., 1991. Potential net primary productivity in South America: application of a global model[J]. Ecological Applications, 1: 399-429.

Rasmussen M S, Developing simple, operational, 1998. consistent NDVI-vegetation models by applying environment and climatic information. Part I: Assessment of net primary production[J]. International Journal of Remote Sensing, 19（1）: 97-117.

Rasmussen M S, Developing simple, operational, 1998. consistent NDVI-vegetation models by applying environment and climatic information. Part II: Crop yield assessment[J]. International Journal of Remote Sensing, 19（1）: 119-139.

Rasmussen M S, 1997. Operational yield forecast using AVHRR NDVI data: reduction of environmental and inter-annual variability[J]. International Journal of Remote Sensing, 18（5）: 1 059-1 077.

Ren J, Chen Z, Zhou Q, et al., 2008. Regional yield estimation for winter wheat with MODIS-NDVI data in Shandong, China[J]. International Journal of Applied Earth Observation and Geoinformation, 10: 403-413.

Ren J，Li S，Chen Z，et al.，2007. Regional yield prediction for winter wheat based on crop biomass estimation using multi-source data[C]. Proceedings of IEEE International Geoscience and Remote Sensing Symposium（IGARSS’07）. 805–808.

Ren Jianqiang，Yu Fushui，Du Yunyan，et al.，2009. Assimilation of field measured LAI into crop growth model based on SCE-UA optimization algorithm[C]. Proceedings of IEEE International Geoscience and Remote Sensing Symposium，Cape Town，South Africa，July 12-17，3：573–576.

Reynolds C A，Yitayew M，Slack D C，et al.，2000. Estimating crop yields and production by integrating the FAO Crop Specific Water Balance model with real-time satellite data and ground-based ancillary data[J]. International Journal of Remote Sensing，21（18）：3 487–3 508.

Ritchies J T，1991. Specification of the ideal model for predicting crop yields[C]. In：Muchow R C，Bellamy J A，eds. Climatic risk in crop production：models and managements for the semiarid tropics and subtropics. CAB international Wallingford.

Rouse J W，Haas R H，Deering D W，et al.，1974. Monitoring the vernal advancement and retrogradation（Green wave effect）of natural vegetation[C]. Final Rep. RSC. Remote Sensing Center，Texas A & M Univ.，College Station.

Roy D P，Wulder M A，Loveland T R，et al.，2014. Landsat-8：Science and product vision for terrestrial global change research[J]. Remote Sensing of Environment，145：154–172.

Ruimy A，Saugier B，Dedieu G，1994. Methodology for the estimation of terrestrial net primary production from remotely sensed data[J]. Journal of Geophysical Research，99：5 263–5 283.

Runing S W，Hunt Jr E R，1993. Generalization of a forest ecosystem process model for other biomes，BIOME-BGC and an application for global scale models[C]. In：Ehleringer J R，Field C，eds. Scaling Processes Between Leaf and Landscape levels. San Diego：Academic Press.

Running S W，Coughlan J C，1988. A general model of forest ecosystem processes for regional applications I. Hydrological balance，canopy gas exchange and primary production processes[J]. Ecological Modelling，42：125–154.

Running S W，Nemani R R，Glassy J M，et al.，1999. MODIS Daily Photosynthesis（PSN）and Annual Net Primary Production（NPP）Product（MOD17）[S]. Algorithm Theoretical Basis Document Version 3.0.

Running S W, Nemani R R, Peterson D, et al., 1989. Mapping regional forest evaportranspiration and photosynthesis by coupling satellite data with ecosystem simulation[J]. Ecology, 70（4）: 1 090-1 101.

Russell G P, Jarvis G, Monteith J L, 1989. Absorption of radiation by canopies and stand growth[C]. In: Russell G P et al., eds. Plant Canopies: Their Growth, Form and Function. New York: Cambridge University Press.

Sakamoto T, Gitelson A A, Arkebauer T J, 2013. MODIS-based corn grain yield estimation model incorporating crop phenology information. Remote Sensing of Environment, 131: 215-231.

Savitzky A, Golay M J E. 1964. Smoothing and differentiation of data by simplified least squares procedures[J]. Anal. Chem., 36（8）: 1 627-1 639.

Schlesinger W H, 1997. Biogeochemistry: an analysis of global change[M]. San Diego: Academic Press.

Sellers P J, Berry J A, Collatz G J, et al., 1992. Canopy reflectance, photosynthesis and transpiration, Ⅲ. A reanalysis using improved leaf models and a new canopy integration scheme[J]. Remote Sens. Environ., 42: 187-216.

Sellers P J, Mintz Y, Sud Y C, et al., 1986. A simple biosphere model（SiB）for use within general circulation models[J]. J. Atmos. Sci., 43（6）: 505-531.

Shanahan J F, Schepers J S, Francis D D, et al., 2001. Use of remote-sensing imagery to estimate corn grain yield[J]. Agronomy Journal, 93: 583-589.

Supit I, Eerens H, Diepen C A van, et al., Recommendations for Improvement of the MARS Crop Yield Forecasting System（MCYFS）. METAMP-3/3[R], Alterra and VITO, JRC-contract 19226-2002-02-F1FED ISPNL.

Supit I, 2000. An exploratory study to improve predictive capacity of the Crop Growth Monitoring System as applied by the European Commission[D]. Heelsum, The Netherlands.

Supit I, 1997. Predicting national wheat yields using a crop simulation and trend models[J]. Agricultural and Forest Meteorology, 88: 199-214.

Tan G, Shibasaki R, 2003. Global estimation of crop productivity and the impacts of global warming by GIS and EPIC integration[J]. Ecological Modelling, 168（3）: 357-370.

Tao F, Yokozawa M, Zhang Z, et al., 2005. Remote sensing of crop production in China by production efficiency models: models comparisons, estimates and uncertainties[J].

Ecological Modelling, 183: 385-396.

Tucker C J, Fung I Y, Keeling C D, et al., 1986. Relationship between atmospheric CO_2 variations and a satellite derived vegetation index[J]. Nature, 319: 195-199.

Tucker C J, Holden B N, Elgin Jr G H, et al., 1980. III. Remote sensing of total dry matter accumulation in winter wheat[J]. Remote Sensing of Environment, 11: 267-277.

Unganai L S, Kogan F N, 1998. Drought monitoring and corn yield estimation in Southern Africa from AVHRR data[J]. Remote Sensing of Environment, 63: 219-232.

Van Leeuwen W J D, Huete A R, Laing T W, 1999. MODIS Vegetation Index Compositing Approach: A Prototype with AVHRR Data[J]. Remote Sensing of Environment, 69 (3): 264-280.

Veroustraete F, Patyn J, Myneni R B, 1996. Estimating net ecosystem exchange of carbon using the normalized difference vegetation index and an ecosystem model[J]. Remote Sensing of Environment, 58: 115-130.

Viovy N, Arino O, Belward A, 1992. The Best Index Slope Extraction (BISE): A method for reducing noise in NDVI time-series[J]. International Journal of Remote Sensing, 13 (8): 1 585-1 590.

Wang J, Li X, Lu L, et al., 2013. Estimating near future regional corn yields by integrating multi-source observations into a crop growth model. European Journal of Agronomy, 49: 126-140.

Weiss J L, Gutzler D S, Coonrod J E A, et al., 2004. Long-term vegetation monitoring with NDVI in a diverse semi-arid setting, central New Mexico, USA[J]. Journal of Arid Environments, 58 (2): 249-272.

Whisler F D, Acock B, Baker D N, et al., 1986. Crop simulation models in agronomic systems[J]. Advances in Agronomy, 40: 141-208.

Williams J R, Jones C A, Kiniry J R, 1989. The EPIC crop growth model[J]. Transactions of ASAE, 32: 497-511.

Williams J R. 1990. The erosion-productivity impact calculator (EPIC) model: a case history[J]. Phil Trans R Sec Land B, 329: 421-428.

Xiao X, Boles S, Liu J, et al., 2005. Mapping paddy rice agriculture in southern China using multi-temporal MODIS images[J]. Remote Sensing of Environment, 95 (4): 480-492.

Yang K, Koike T, Ye B, 2006. Improving estimation of hourly, daily, and monthly solar radiation by importing global data sets[J]. Agricultural and Forest Meteorology,

137（1-2）：43-55.

Yang W，Shabanov N V，Huang D，et al.，2006. Analysis of leaf area index products from combination of MODIS Terra and Aqua data[J]. Remote Sensing of Environment，104：297-312.

Zhou Q，Yu Q，Liu J，et al.，2017. Perspective of Chinese GF-1 high-resolution satellite data in agricultural remote sensing monitoring[J]. Journal of Integrative Agriculture，16（2）：242-251.

